朝天椒

标准化生产技术

毛 东　蒋 华　黄春利　主编

中国农业出版社
北 京

编委会

序言

  朝天椒属茄科辣椒属多年生半木质性植物，常作一年生栽培。由于朝天椒富含多种维生素、矿物质和有机酸，且具有加工适应性好、口味醇香等特点，近年来种植面积逐渐扩大。目前全国朝天椒种植面积在600万～700万亩，主要种植区域在贵州、四川、湖南、新疆、陕西、河南、吉林等地。

  朝天椒已经发展成为一些地区的主要经济作物。在贵州遵义，朝天椒科研、种植、加工、销售等全产业链都快速发展，在打赢脱贫攻坚战、推动产业扶贫、带动群众增收方面作出了重要贡献。"遵义朝天椒"也获得了全国农产品地理标志产品、全国十大名椒的称号。

  在朝天椒产业快速发展的同时，生产中存在的朝天椒品种繁杂、标准化生产程度低、产品质量不稳定、新技术新品种应用水平不高等问题日益凸显，阻碍了朝天椒产业的发展。针对这一现状，笔者结合多年来的生产实践经验，编写了《朝天椒标准化生产技术》一书。本书按照优质、高效、省力、简便的原则，以新品种介绍及标准化、生态化生产为重点，采用图文并茂的形式，详细介绍了朝天椒基地建设、品种选择、育苗技术、田间管理、病虫害防治、干制贮存等技术。对提高朝天椒单产水平，加快优质朝天椒生产技术的推广步伐，促进朝天椒产业的区域化布局、产业化经营、标准化生产和市场化发展，提高朝天椒绿色生产能力，增强市场竞争力，促进农民增收致富有着重要的作用。

本书为农业技术推广人员、朝天椒生产加工企业、广大朝天椒生产农户提供了简洁、实用的标准化、生态化生产技术，在保护农业生态环境、保障食品消费安全、促进农业标准化生产、扩大农产品出口方面具有积极作用。

由于编者水平有限，本书中难免存在疏漏之处，恳请广大读者批评指正。

2021年10月

目录

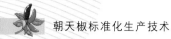

朝天椒标准化生产技术

第一章
朝天椒品种

第一节 指形朝天椒品种

一、遵辣9号

1.登记编号 GPD辣椒（2021）520314。

2.品种特性 生育期194天，早中熟品种，鲜椒单果重4.45克，干椒单果重1.08克，果长8厘米、宽1.25厘米左右，指形，辣椒素含量一般220毫克/千克。省区试两年干椒平均亩*产312.95千克，鲜椒平均亩产1 211.47千克。抗性好，适宜性广，适宜于加工干辣椒、油辣椒、焗辣椒、糟辣椒、酱辣椒等（图1-1、图1-2）。

图1-1 遵辣9号田间表现

图1-2 遵辣9号干椒

---

* 亩为非法定计量单位，15亩=1公顷。全书同。——编者注

3. 适宜区域 高、中、低海拔均适宜，一般土壤均可，最适宜沙壤土，适宜微酸微碱土壤，在光照好、开阔、排灌条件好的中高肥力地块产量较高。建议连续种植不超过二茬，不宜在低洼易积水地块种植。

4. 栽培要点 一般2月16日—3月21日播种（低海拔宜早，高海拔可晚），4月10日—5月10日移栽（当地气温稳定通过10℃即可移栽，适期宜早）。一般亩种2 200～3 200株（需备种16～18克），建议在亩施腐熟有机肥1 500千克的基础上，施有机无机复合肥（N：P：K≥10：8：5）100～150千克作底肥。大田整地一般在移栽前1周进行（宜早），做好排水沟（四周边沟，1亩以上需做好"十"字沟），按照1.2～1.4米开厢起垄覆膜。移栽时浇好定根水。移栽后8天内，亩施水溶肥（N：P：K≥40：5：5）5千克左右，兑水成0.1%～0.5%浓度施入苗根周围（也可结合定根水施用）。移栽20～25天在距苗茎10厘米处亩施复合肥（N：P：K≥15：5：25）20～30千克（需含硼肥和锌肥），以后苗施肥。果实成熟后及时采收与干燥。

5. 注意事项 在疫病高发区，需做好疫病预防工作，一般在育苗期注意防治猝倒病、灰霉病、疫病、病毒病、蚜虫，移栽时注意防治地老虎，大田期一般注意预防病毒病、疫病、炭疽病、蚜虫、烟青虫和棉铃虫等。

二、骄阳6号

1. 登记编号 GPD辣椒（2019）520567。

2. 品种特性 属干、鲜两用大果型指形朝天椒，三系配套杂交种，山堡辣椒的改良杂交种。全生育期为180天，早熟品种。鲜椒单果重8.3克，干椒单果重2.1克，果长10厘米、宽1.5厘米，指形，辣椒素含量30毫克/千克。干椒平均亩产350千克，鲜椒平均亩产2 500千克。抗性强，适合加工糟辣椒、油辣椒、煳辣椒等（图1-3、图1-4）。

3. 适宜区域 适宜在中海拔、土质肥沃、中性土壤春夏种植。

4. 栽培要点 选择排水通畅、不易水渍的高塝田、高塝土栽培，切记不可选择易积水的丘块。高厢起垄（厢宽120厘米，垄高30～40厘米），地膜覆盖（120厘米银黑双色地膜），深挖田块"十"字沟和四边沟（深50～60厘米）。起垄前每亩施复合肥100千克、有机肥500千克，注意要与土壤拌匀。2月10日播种，亩用种量20克左右，选择漂浮育苗、穴盘育苗

图1-3　骄阳6号田间表现　　　　　图1-4　骄阳6号鲜椒

为好。4月20日定植，每亩栽苗2 500株左右。定植缓苗后（一般7天），每亩用清粪水兑5 ～ 10千克尿素施提苗肥。移栽后20 ～ 25天进入初花期，每亩用清粪水兑5千克尿素、5千克过磷酸钙、5千克农用硫酸钾施坐果肥，一般施用坐果肥2 ～ 3次，隔15天1次。后期产量高易倒伏，可采用竹架加固植株。

5.注意事项　苗期防治猝倒病、立枯病和灰霉病，大田期防治疫病、根腐病、青枯病和病毒病，成熟期防治炭疽病等。由于果实大，果实红熟后，推荐机械烘干或者烤房烘干，不建议自然晾晒。

三、朝天椒8号

1.登记编号　GPD辣椒（2020）520062。

2.品种特性　属干、鲜两用大果型指形朝天椒，两系配套杂交种，是山堡辣椒的改良后代。全生育期为180天，早熟品种，鲜椒单果重6克，干椒单果重1.5克，果长7厘米、宽1.5厘米，指形，辣椒素含量952毫克/千克，干椒平均亩产350千克，鲜椒平均亩产2 500千克。抗性强，适合加工油辣椒、煳辣椒、糟辣椒等（图1-5、图1-6）。

3.适宜区域　适宜在中高海拔、土质肥沃、中性土壤春夏种植。

4.栽培要点　选择排水通畅、不易水渍的高塝田、高塝土栽培，切记

图1-5　朝天椒8号田间表现

图1-6　朝天椒8号鲜椒

不可选择易积水的丘块。高厢起垄（厢宽120厘米，垄高30～40厘米），地膜覆盖（120厘米银黑双色地膜），深挖田块"十"字沟和四边沟（深50～60厘米）。起垄前每亩施复合肥100千克、有机肥500千克，注意要与土壤拌匀。2月10日播种，亩用种量16克左右，选择漂浮育苗、穴盘育苗为好。4月20日定植，每亩栽苗2 500株左右。定植缓苗后（一般7天），每亩用清粪水兑5～10千克尿素施提苗肥。移栽后20～25天进入初花期，每亩用清粪水兑5千克尿素、5千克过磷酸钙、5千克农用硫酸钾施坐果肥。一般施用坐果肥2～3次，隔15天1次。后期产量高易倒伏，可采用竹架加固植株。

5.注意事项　苗期防治猝倒病、立枯病和灰霉病，大田期防治疫病、根腐病、青枯病和病毒病，成熟期防治炭疽病等。果实红熟后，推荐机械烘干或者烤房烘干。

四、艳椒425

1.登记编号　GPD辣椒（2018）500167。

2.品种特性　中晚熟品种。鲜椒单果重4.5克，果长8～9厘米、横径1厘米，单生朝天椒。辣椒素含量270毫克/千克，鲜椒平均亩产1 620.3千克。中等抗性，具有加工特性（干椒、鲜椒等）（图1-7）。

3.适宜区域　该品种适宜在海拔700～1 200米、土壤肥沃、pH为

6.0 ～ 7.5 的地区种植。

4.栽培要点 播种时间一般为2月中旬至3月中旬，定植时间为3月下旬至4月下旬，种植密度为2 500 ～ 2 800株。移栽前每亩重施有机肥200千克、过磷酸钙50千克、高浓度硫酸钾复合肥50千克。定植7天左右每亩用清水兑2千克尿素浇缓苗水，使幼苗转绿快。移栽后20 ～ 25天进入初花期，此时要结合清粪水追施化肥，每亩施用尿素10 ～ 12千克、硫酸

图1-7 艳椒425田间表现

钾8千克，并向植株根部培土形成高垄。在辣椒3 ～ 4层果采摘后，结合浇水增施保秧壮果肥，每亩施用尿素8 ～ 12千克，以防止脱肥。椒果红熟后要及时采摘。

5.注意事项 苗期注意防治立枯病、猝倒病、灰霉病，防治药剂可选择甲霜·噁霉灵和腐霉利。移栽后注意防治地老虎、蚜虫，药剂可选择高效氯氟氰菊酯和吡虫啉。花期注意防治茶黄螨。雨水高发季节注意防治疫病，药剂可选择烯酰吗啉。青果到红熟果注意防治炭疽病，药剂可选择苯醚甲环唑、戊唑醇。病毒病贯穿整个生育时期，预防药剂可选择几丁聚糖。雨水多发季节注意田间排水，田间不能有积水，做到雨停水干。

五、遵辣10号

1.登记编号 GPD辣椒（2021）520315。

2.品种特性 生育期194天，早中熟品种。鲜椒单果重4.55克，干椒单果重1.08克，果长8厘米、宽1.25厘米左右，指形，辣椒素含量一般200毫克/千克。省区试两年干椒平均亩产306.27千克，鲜椒平均亩产1262.38千克。抗性好，适宜性广，适宜于加工干辣椒、油辣椒、煳辣椒、糟辣椒、酱辣椒等（图1-8、图1-9）。

图1-8 遵辣10号田间表现　　　　　　图1-9 遵辣10号鲜椒

3.适宜区域 高、中、低海拔均适宜，一般土壤均可，最适宜沙壤土，适宜微酸微碱土壤，在光照好、开阔、排灌条件好的中高肥力地块产量较高，建议连续种植不超过2茬，不宜在低洼易积水地块种植。

4.栽培要点 一般2月16日—3月21日播种（低海拔宜早，高海拔可晚），4月10日—5月10日移栽（当地气温稳定通过10℃即可移栽，适期宜早）。一般亩种2 200～3 200株（需备种16～18克），建议在亩施腐熟有机肥1 500千克的基础上，施有机无机复合肥（N∶P∶K≥10∶8∶5）100～150千克作底肥，大田整地一般在移栽前1周进行（宜早）。做好排水沟（四周边沟，1亩以上需作好"十"字沟），按照1.2～1.4米开厢起垄覆膜，移栽时浇好定根水。移栽后8日内，亩施水溶肥（N∶P∶K≥40∶5∶55）5～10千克左右，兑水成0.1%～0.5%浓度施入苗根周围（也可结合定根水施用）。移栽20～25天在距苗茎10厘米处亩施复合肥（N∶P∶K≥15∶5∶25）20～30千克（需含硼肥和锌肥），以后看苗施肥。果实成熟应及时采收与干燥。

5.注意事项 一般在育苗期注意防治猝倒病、灰霉病、疫病、病毒病、蚜虫，移栽时注意防治地老虎，大田期一般注意预防病毒病、疫病、炭疽病、蚜虫、烟青虫和棉铃虫等。

六、遵辣1号

1.登记编号 GPD辣椒（2021）520024。

2.品种特性 生育期207天，早中熟品种。鲜椒单果重5.68克，干椒单果重1.66克，果长7厘米、宽1.65厘米左右，指形，辣椒素含量一般150毫克/千克。省区试两年干椒平均亩产236.21千克，鲜椒平均亩产1040千克。抗性好，适宜性广，适宜于加工干辣椒、油辣椒、煳辣椒、糟辣椒、酱辣椒等，特别适宜做煳辣椒（图1-10、图1-11）。

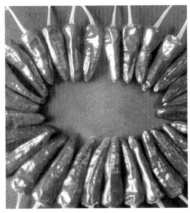

图1-10 遵辣1号田间表现　　　　图1-11 遵辣1号干椒

3.适宜区域 高、中、低海拔均适宜，一般土壤均可，最适宜沙壤土，适宜微酸微碱土壤，在光照好、开阔、排灌条件好的中高肥力地块产量较高，建议连续种植不超过2茬，不宜在低洼易积水地块种植。

4.栽培要点 一般2月16日—3月21日播种（低海拔宜早，高海拔可晚），4月10日—5月10日移栽（当地气温稳定通过10℃即可移栽，适期宜早），一般亩种5000～7000株（需备种30～50克）。建议在亩施腐熟有机肥1500千克的基础上，施有机无机复合肥（N∶P∶K≥10∶8∶5）100～150千克作底肥。大田整地一般在移栽前1周进行（宜早），做好排水沟（四周边沟，1亩以上需作好"十"字沟），按照1.2～1.4米开厢起垄覆膜，移栽时浇好定根水。移栽后8日内，亩施水溶肥（N∶P∶K≥40∶5∶5）5千克左右，兑水成0.1%～0.5%浓度施入苗根周围（也可结合定根水施用）。移栽20～25天在距苗茎10厘米处亩施15：5：25复合肥20～30千克（需含硼肥和锌肥），以后看苗施肥。果实成熟应及时采收与干燥。

5.**注意事项**　一般在育苗期注意猝倒病、灰霉病、疫病、病毒病、蚜虫，移栽时注意防治地老虎，大田期一般注意预防病毒病、疫病、炭疽病、蚜虫、烟青虫和棉铃虫等。

七、贵遵朝天椒4号

1.**登记编号**　GPD辣椒（2020）520812。

2.**品种特性**　全生育期为170天左右，早中熟品种。平均鲜椒单果重6.56克，果长8.51厘米、宽1.41厘米，指形，辣椒素含量一般342.3毫克/千克。鲜椒亩产1300千克以上，抗病毒病、疫病，中抗炭疽病。鲜食加工兼用，适合干椒加工（图1-12、图1-13）。

图1-12　贵遵朝天椒4号田间表现　　　　图1-13　贵遵朝天椒4号干椒

3.**适宜区域**　适宜中低海拔种植。

4.**栽培要点**　2—3月播种，漂浮育苗，每亩用种量20克左右。4月下旬至5月定植。1.2米连沟开厢，厢面70厘米，地膜覆盖。单株双行定植，移栽行距50厘米，株距30～35厘米，每亩栽苗2800～3200株。移栽前每亩施腐熟圈肥2500千克左右，钙镁磷肥30千克和复合肥30～50千克作底肥。边移栽边浇定根水，定植7天左右缓苗后，每亩用清粪水兑2千克尿素施提苗肥。移栽后45～50天，追施坐果肥，一般每亩可施钾肥5～7千克、尿素5～7千克。及时中耕除草，注意防治辣椒常见病害，及时分次采收。

5.注意事项 苗期注意防治猝倒病、灰霉病的发生。重茬栽培可能致传染性病害蔓延，应注意土传病害的预防。生长发育适宜的温度范围为20～30℃，过低或者过高的温度可致生长缓慢、果实发育不良或病害增多。适合于坡地、山地或排灌水条件良好的坝区种植。

八、黔辣8号

1.登记编号 GPD辣椒（2020）520639。

2.品种特性 全生育期为180天左右，早中熟品种。鲜椒平均单果重6～7克，果长8～9厘米、宽1.42厘米，指形，辣椒素含量一般300.8毫克/千克，鲜椒亩产1300千克以上。抗黄瓜花叶病毒（CMV）、烟草花叶病毒（TMV），抗疫病，抗炭疽病。鲜食加工兼用，适合干椒加工（图1-14、图1-15）。

图1-14　黔辣8号田间表现　　　　图1-15　黔辣8号干椒

3.适宜区域 适宜在云贵高原生态区，贵州遵义、毕节、安顺、黔南、黔西南地区种植。

4.栽培要点 2—3月播种，漂浮育苗，每亩用种量18克。4月下旬至5月定植。1.2米连沟开厢，厢面70厘米，地膜覆盖，单株双行定植，移栽行距50厘米、株距35厘米左右，每亩栽苗2800株。移栽前每亩施腐熟圈肥2500千克左右、钙镁磷肥30千克和复合肥30～50千克作底肥。

边移栽边浇定根水，定植7天左右缓苗后，每亩用清粪水兑2千克尿素施提苗肥。移栽后50天左右，追施坐果肥，一般每亩可施钾肥5～7千克、尿素5～7千克。及时中耕除草，注意防治辣椒常见病害，及时分次采收。

5.注意事项　苗期注意防治猝倒病、灰霉病。重茬栽培可能致传染性病害蔓延，应注意土传病害的预防。生长发育适宜的温度范围为20～30℃，过低或者过高的温度可致生长缓慢、果实发育不良或病害增多。适合于坡地、山地或排灌水条件良好的坝区种植。

九、单生理想52

1.审定编号　黔审椒2012003号。

2.品种特性　指形椒，属干鲜两用型，果实呈小羊角形、单生向上。全生育期197天，从定植至始采收红熟椒需65天。平均株高74厘米，株幅59厘米，平均分枝8次，主干分枝性强，成枝率高，单株坐果57个。叶片深绿色，卵圆形，尖端较尖。节间绿色，节部紫色，上部节间有紫色条纹。初花节位13～15节，花瓣白色。青熟果绿色，老熟果红色，果面光滑，坐果集中，果实大小均匀，果长6厘米、宽1厘米，果柄长4厘米，果味辛辣。单果种子数90粒，千粒重6克。鲜椒亩产1 250千克以上（图1-16）。

图1-16　单生理想52鲜椒

3.适宜区域　适宜在云贵高原生态区及其他中低海拔区域种植。

4.栽培要点　1月中旬至3月中旬播种，亩用种20～30克。4月下旬至5月中旬定植，每亩可定植3 200～3 500穴，每穴单株，参考株行距为30厘米×50厘米。由于采收期长，坐果后每隔10天追肥1次，6月下旬至7月上旬追肥浇水1次，适量补充钾肥及其他微肥，7月中旬以后加强肥水管理和病虫害防治。

5.注意事项　适当密植，中后期防治蚜虫及病毒病。

十、三樱椒

1.品种特性 指形椒，干椒型辣椒，辣味强，植株紧凑，椒果向上生长的簇生型小辣椒。茎直立生长，分枝能力强。果实为浆果，长卵形，弯曲，上端形似鹰嘴，干椒单果重约0.45克。产品经专门设备加工，提取食品用色素，用途广泛（图1-17）。

2.适宜区域 适宜在北方干旱区栽植。

3.栽培要点 3月上中旬播种，漂浮育苗，每亩用种量18克左右。4月中下旬至5月定植，1.2米连沟开厢，厢面70厘米，地膜覆盖，单株双行定植，移栽行距50厘米、株距35厘米左右，每亩栽苗2 800株。移栽前每亩施腐熟圈肥2 500千克左右、钙镁磷肥30千克和复合肥30～50千克作底肥。边移栽边浇定根水，定植7天左右缓苗后，每亩用清粪水兑2千克尿素施提苗肥。移栽后45天，追施坐果肥，一般每亩可施钾肥5～7千克、尿素5～7千克，盛花期叶面喷施锌肥和硼肥2次。及时中耕除草，注意防治辣椒常见病虫害，及时分次采收。

4.注意事项 三樱椒喜冷凉气候，不耐严寒霜冻，喜土壤肥沃又怕氮肥过多而造成植株徒长和抗逆性减弱。

图1-17 三樱椒田间表现

十一、石柱红

1.鉴定编号 渝品审鉴2009004。

2.品种特性 指形椒，属干、鲜两用大果型辣椒，颜色鲜艳，光泽好、辣味重，油分含量高，香味浓，果实皮薄肉厚，硬度高，籽粒少，早熟品种。鲜椒单果重5～6克，干椒单果重1.2～1.5克，果长6厘米、宽1.2厘米。干椒平均亩产320千克、鲜椒平均亩产2 500千克。抗性强，适合加工油辣椒、煳辣椒、糟辣椒等（图1-18）。

3. 适宜区域 适宜在云贵高原生态区及其他中低海拔区域种植。

4. 栽培要点 1月中旬至3月中旬播种，每亩用种15～25克，4月下旬至5月中旬定植，每亩可定植3 200～3 500穴，每穴单株，参考株行距30厘米×50厘米。由于采收期长，坐果后每隔10天追肥1次，6月下旬

图1-18　石柱红鲜椒

至7月上旬追肥浇水1次，适量补充钾肥及其他微肥，7月中旬以后加强肥水管理和病虫害防治。

5. 注意事项 辣度高，适合做加工型辣椒。生育期长，从定植到红椒始采需105～125天。

🌿 第二节　锥形朝天椒品种

一、朝天椒6号

1. 登记编号 GPD辣椒（2020）520061。

2. 品种特性 属干、鲜两用锥形朝天椒，三系配套杂交种，是绥阳子弹头和遵椒1号的改良杂交后代。平均生育期为178天，早熟品种。鲜椒单果重8.5克，干椒单果重2.2克，果长3.16厘米、宽1.87厘米，短锥形，辣椒素含量67毫克/千克。干椒平均亩产350千克，鲜椒平均亩产2 500千克。抗性强，适合加工泡椒、糟辣椒、煳辣椒、油辣椒等（图1-19）。

3. 适宜区域 适宜在中海拔、土质肥沃、中性土壤春夏种植栽培。

4. 栽培要点 选择排水通畅、不易水渍的高塝田土栽培，不可选择易积水丘块。2月10日播种，亩用种量20克左右。选择漂浮育苗或者穴盘育苗为佳。高厢起垄，地膜覆盖，深挖田块"十"字沟和四边沟，施复合肥100千克/亩、有机肥500千克/亩作基肥。4月20日定植，单

株定植，定植密度2 500株/亩。定植时每株浇定根水100～200毫升，定根水加入预防根腐病、青枯病和地下害虫的药物。移栽后7～10天，用清粪水兑5～10千克/亩尿素、5～10千克/亩农用硫酸钾施提苗肥。移栽后20～25天进入初花期，用清粪水兑5～10千克/亩尿素、5～10千克/亩过磷酸钙、5～10千克/亩农用硫酸钾施坐果肥，一般施用坐果肥2～3次，隔

图1-19 朝天椒6号田间表现

15天施肥1次。后期产量高易倒伏，可采用竹架加固植株。

5.注意事项 该品种切记不可选择容易积水的丘块种植。苗期防治猝倒病、立枯病和灰霉病，大田期防治疫病、根腐病、青枯病和病毒病，成熟期防治炭疽病等。果实红熟后及时采摘，运往烘干厂机械快速烘干为宜。

二、赤艳3号

1.登记编号 GPD辣椒（2018）110012。

2.品种特性 干、鲜两用型中熟杂交品种，锥形，中抗病毒病、疫病，全生育期180天左右。果长5.1～5.5厘米、宽1.9～2.3厘米。鲜椒单果重10.7～11.5克，平均亩产1 500千克左右；干椒单果重1.7～1.9克，平均亩产252.5千克左右。辣椒素含量107.8毫克/千克左右，维生素C含量8.27毫克/千克左右。适宜鲜食和烘制干椒（图1-20、图1-21）。

3.适宜区域 适宜在高海拔地区（700～1 200米）种植，选择透气、排水良好、酸碱度适中的肥沃土壤，平原、高原、山地都可种植。

4.栽培要点 1月20日—3月20播种育苗，3月5日—4月10日定植。地膜覆盖，单株栽培，每亩定植3 000株左右，适宜株行距为40厘米×50厘米。移栽前每亩施腐熟的农家肥2 000千克左右、过磷酸钙20～25千克、

图1-20　赤艳3号田间表现　　　　图1-21　赤艳3号鲜椒

尿素5～10千克、钾肥5～10千克或复合肥50千克。移栽的同时浇定根水。进入初花期后，可采用清粪水施坐果肥，并向植株根部培土起垄。挂果后施肥2～3次，可采用农家肥加适量钾肥、尿素，每次采收后应追肥1次。

5.注意事项　种子存放于适温干燥处（温度16℃，空气相对湿度35%），以防种子质量下降。生长期间忌水淹。注意防治病毒病、疫病、脐腐病、蚜虫、蓟马、白粉虱、螨虫、烟青虫等病虫害。注意搭架绑枝以防倒伏。合理安排肥水，结果期间忌施高氮肥，易引起落果。合理轮作，减少土传病害。

三、坛金

1.登记编号　GPD辣椒（2020）110734。

2.品种特性　生育期180天，中早熟品种。鲜椒单果重12克，干椒单果重3克，果长4厘米、宽2.5厘米左右，正三角形，辣椒素含量42毫克/千克。鲜椒平均亩产1 830千克，抗病毒病、疫病，干鲜两用（图1-22）。

图1-22　坛　金

3. **适宜区域**　海拔350～1 600米地区，沙壤土最佳。

4. **栽培要点**　苗龄60～70天，晚霜后定植到大田，适当起垄，单行单株定植，亩栽2 200～3 200株。底肥要充足，重施腐熟有机肥，追施磷钾肥。

5. **注意事项**　生长势强，连续坐果性强。抗黄瓜花叶病毒和疫病，易感炭疽病。注意加强水肥管理，适时进行田间调查，可有效控制病虫的危害。极端高温气候持续发生时（高于32℃），会出现授粉困难的情况，影响产量。由于株幅大，其间遇到多雨期，培土少或者不培土，盛果期可能产生倒伏，应采取搭架扶持措施并尽量及时采收成熟果。

四、贵遵9号

1. **登记编号**　GPD辣椒（2020）520813。

2. **品种特性**　全生育期为180天左右，中熟品种。平均鲜椒单果重7.04克，果长5.0厘米、宽2.4厘米，锥形，辣椒素含量210.3毫克/千克。鲜椒亩产1 300千克以上，抗病毒病、疫病、炭疽病。鲜食加工兼用，适合干椒加工（图1-23、图1-24）。

图1-23　贵遵9号田间表现

图1-24　贵遵9号

3. **适宜区域**　适宜贵州地区种植。

4. **栽培要点**　2—3月播种，漂浮育苗，亩用种量20克左右。4月下旬至5月定植，1.2米连沟开厢，厢面70厘米，地膜覆盖，单株双行定植，移栽行距50厘米，株距30～35厘米，每亩栽苗2 800～3 200株。移栽前每亩施腐熟圈肥2 500千克左右、钙镁磷肥30千克和复合肥30～50千克作底肥。边移栽边浇定根水。定植7天左右缓苗后，每亩用清粪水兑2千克尿素施提苗肥。移栽后45～50天，追施坐果肥，一般每亩可施钾肥5～7千克、尿素5～7千克。及时中耕除草，注意防治辣椒常见病虫害，及时分次采收。

5. 注意事项　苗期注意防治猝倒病、灰霉病的发生。重茬栽培可能致传染性病害蔓延，应注意土传病害的预防。生长发育适宜的温度范围为20～30℃，过低或者过高的温度可致生长缓慢、果实发育不良或病害增多。适合于坡地、山地或排灌水条件良好的坝区种植。

五、黔辣16

1. 登记编号　GPD辣椒（2020）520644。

2. 品种特性　全生育期为190天左右，中熟品种。平均鲜椒单果重7.41克，果长5.3厘米、宽2.1厘米，锥形，辣椒素含量280.4毫克/千克。鲜椒亩产1 300千克以上，抗病毒病，鲜食加工兼用，适合干椒加工（图1-25）。

3. 适宜区域　适宜在贵州地区种植。

4. 栽培要点　2—3月播种，漂浮育苗，亩用种量20克左右。4月下旬至5月定植，1.2米连沟开厢，厢面70厘米，地膜覆盖，单株双行定植，移栽行距50厘米、株距35厘米，每亩栽苗2 800株。移栽前每亩

图1-25　黔辣16

施腐熟圈肥2 500千克左右、钙镁磷肥30千克和复合肥30～50千克作底肥。边移栽边浇定根水。定植7天左右缓苗后，每亩用清粪水兑2千克尿素施提苗肥。移栽后45天，追施坐果肥，一般每亩可施钾肥5～7千克、尿素

5～7千克。盛花期叶面喷施锌肥和硼肥2次。及时中耕除草，注意防治辣椒常见病虫害，及时分次采收。

5.注意事项 苗期注意防治猝倒病、灰霉病。重茬栽培可能致传染性病害蔓延，应注意土传病害的预防。生长发育适宜的温度范围为20～30℃，过低或者过高的温度可致生长缓慢、果实发育不良或病害增多。适合于坡地、山地或排灌水条件良好的坝区种植。果实转红后遇高温高湿天气，注意及时防治炭疽病。

第三节　珠子形朝天椒品种

一、卓椒圆珠

1.登记编号 GPD辣椒（2020）520019。

2.品种特性 移栽大田定植后生育期120天左右，中早熟品种。单生，圆珠椒型朝天椒，植株生长势强。株高70～80厘米，株幅展开70～75厘米。鲜椒单果重15～20克，果长3.5～4.0厘米、宽3.0～3.2厘米，果实表面光亮，青熟果绿色，红熟果亮红色，圆形，果顶圆润光滑。味中辣，前、后期果实一致性好。耐湿热，抗性强，鲜椒平均亩产1 000～1 500千克，适合于加工制作泡椒产品（图1-26、图1-27）。

图1-26　卓椒圆珠田间表现　　　　图1-27　卓椒圆珠鲜椒

3.适宜区域 该品种适宜贵州、重庆等地区栽培，最适宜的海拔高度为中海拔700～1200米及高海拔1 200米以上。土壤肥沃，pH为6.0～7.5，坡梯形等条件最佳。

4.栽培要点 播种育苗时间在1月15日—3月5日，大田移栽时间在4月1日—5月10日。开厢起垄，地膜覆盖，单株栽培，一般每亩定植3 000株左右，株行距40厘米×50厘米，每亩施辣椒专用肥复合肥40千克，并根据土壤情况增施有机肥。土壤类型是黏土且是田块的，注意田间排水沟建设，排水沟深度以40～60厘米为宜。

5.注意事项 苗期注意防治立枯病、猝倒病、灰霉病，药剂可选择甲霜·噁霉灵和腐霉利。移栽后注意防治地老虎、蚜虫，药剂可选择高效氯氟氰菊酯和吡虫啉。花期注意茶黄螨防治。雨水高发季节注意防治疫病，药剂可选择烯酰吗啉。青果到红熟果注意防治炭疽病，药剂可选择苯醚甲环唑、戊唑醇。病毒病贯穿整个生育时期，预防药剂可选用几丁聚糖。雨水多发季节注意田间排水，田间不能有积水，做到雨停水干。

二、黔辣18

1.登记编号 GPD辣椒（2020）520750。

2.品种特性 全生育期为160天左右，早熟品种。平均鲜椒单果重14克，果长3.5厘米、宽3.0厘米，近球形，辣椒素含量147.4毫克/千克。鲜椒亩产1 500千克以上，抗病毒病，中抗疫病，适用于泡椒加工（图1-28）。

3.适宜区域 适合海拔高度800～1 500米的区域内，坡度大于15°的坡耕地或排水条件良好的沙壤土坝区种植，不能在白善泥、黏性重的黄壤土或排水条件差的地块种植。

4.栽培要点 2月中下旬至3月上中旬播种，漂浮育

图1-28 黔辣18田间表现

苗，亩用种量18克左右。4月中下旬至5月定植，1.2米连沟开厢，厢面70厘米，地膜覆盖，单株双行定植，移栽行距50厘米、株距35厘米左右，每亩栽苗2 800株。移栽前每亩施腐熟圈肥2 500千克、钙镁磷肥30千克和复合肥30～50千克作底肥。边移栽边浇定根水。定植7天左右缓苗后，每亩用清粪水兑2千克尿素施提苗肥。移栽后45天，追施坐果肥，一般每亩可施钾肥5～7千克、尿素5～7千克。盛花期叶面喷施锌肥和硼肥2次。及时中耕除草，注意防治辣椒常见病虫害，及时分次采收。

5. 注意事项　苗期注意防治猝倒病、灰霉病。重茬栽培可能致传染性病害蔓延，应注意土传病害的预防。生长发育适宜的温度范围为20～30℃，过低或者过高的温度可致生长缓慢、果实发育不良或病害增多。雨后预防疫病和青枯病，青熟果时预防炭疽病，最好在底肥中增施钙肥（过磷酸钙，30～50千克/亩）防裂果，或青熟果时增施钙肥。

三、黔辣10号

1. 登记编号　GPD辣椒（2020）520714。

2. 品种特性　全生育期为170天左右，早熟品种。平均鲜椒单果重11.2克以上，果长2.05厘米、宽2.9厘米，球形，辣椒素含量114毫克/千克。鲜椒亩产1 500千克以上，抗病毒病。鲜食加工兼用，适合泡椒加工（图1-29）。

3. 适宜区域　适合在海拔高度800～1 500米的区域内，坡度大于15°的坡耕地或排水条件良好的沙壤土坝区种植，不能在白善泥、黏性重的黄壤土、低洼地或排水条件差的地块种植。

图1-29　黔辣10号田间表现

4. 栽培要点　2月中下旬至3月上中旬播种，漂浮育苗，亩用种量18克左右。4月中下旬至5月定植，1.2米连沟开厢，厢面70厘米，地膜覆盖，单株双行定植，移栽行距50厘米、株距35厘米左右，每亩栽苗2 800株。移栽前每亩施腐熟圈肥2 500千克左右、钙镁磷肥30～50千克和复合肥30～50千克作底肥。边移栽边浇定根水。定植7天左右缓苗后，每亩用清粪水兑2千克尿素施提苗肥。移栽后45天左右，追施坐果肥，一般每亩可施钾肥7千克左右、尿素5～7千克。盛花期叶面喷施锌肥和硼肥2次。及时中耕除草，注意防治辣椒常见病虫害，及时分次采收。

5.注意事项 苗期注意防治猝倒病、灰霉病。重茬栽培可能导致传染性病害蔓延，应注意土传病害的预防。生长发育适宜的温度为20～30℃，过低或者过高的温度可致生长缓慢、果实发育不良或病害增多。雨后防治疫病和青枯病，果实青熟时预防炭疽病，最好在底肥中增施过磷酸钙30～50千克/亩或青熟果时增施钙肥。

四、贵遵朝天椒5号

1.登记编号 GPD辣椒（2020）521127。

2.品种特性 全生育期为165天左右，早中熟品种。平均鲜椒单果重12.58克，果长2.7厘米、宽3.32厘米，果实球形，辣椒素含量149.5毫克/千克。鲜椒亩产1 700千克以上。抗病毒病，中抗疫病，抗炭疽病。鲜食加工兼用，适合泡椒加工（图1-30）。

3.适宜区域 适合在海拔高度800～1 500米的区域内，坡度大于15°的坡耕地或排水条件良好的沙壤土坝区种植，不能在白善泥、黏性重的黄壤土、低洼地或排水条件差的地块种植。

图1-30 贵遵朝天椒5号田间表现

4.栽培要点 2—3月播种，漂浮育苗，亩用种量20克左右。4月下旬至5月定植，1.2米连沟开厢，厢面70厘米，地膜覆盖，单株双行定植，移栽行距50厘米，株距30～35厘米，每亩栽苗2 800～3 200株。移栽前每亩施腐熟圈肥 2 500 千克左右、钙镁磷肥 30 ～ 50 千克和复合肥 30 ～ 50 千克作底肥。边移栽边浇定根水。定植 7 天左右缓苗后，每亩用清粪水兑 2 千克尿素施提苗肥。移栽后 45 天左右，追施坐果肥，一般每亩可施钾肥 7 千克左右、尿素 5 ～ 7 千克。及时中耕除草，注意防治辣椒常见病虫害，及时分次采收。

5. 注意事项 苗期注意防治猝倒病、灰霉病。重茬栽培可能致传染性病害蔓延，应注意土传病害的预防。生长发育适宜的温度为 20 ～ 30℃，过低或者过高的温度可致生长缓慢、果实发育不良或病害增多。雨后防治疫病和青枯病，果实青熟时预防炭疽病，最好在底肥中增施过磷酸钙 30 ～ 50 千克/亩或青熟果时增施钙肥。

五、黔辣 19

1. 登记编号 GPD 辣椒（2020）520995。

2. 品种特性 全生育期为 180 天左右，中熟品种。平均鲜椒单果重 13.45 克，果长 2.82 厘米、宽 3.35 厘米，圆珠形，辣椒素含量 180.5 毫克/千克。鲜椒亩产 1 600 千克以上。抗病毒病，中抗疫病。鲜食加工兼用，适合泡椒加工（图 1-31）。

3. 适宜区域 适宜贵州地区坡度大于 15°的坡耕地或排水条件良好的沙壤土坝区种植，不能在白善泥、黏性重的黄壤土或排水条件差的地块种植。

4. 栽培要点 2—3 月播种，漂浮育苗，亩用种量 20 克左右。

图 1-31　黔辣 19 田间表现

4 月下旬至 5 月定植，1.2 米连沟开厢，厢面 70 厘米，地膜覆盖，单株双行定植，移栽行距 50 厘米，株距 35 厘米，每亩栽苗 2 800 ～ 3 000 株。移栽前每亩施腐熟圈肥 2 500 千克左右、钙镁磷肥 30 ～ 50 千克和复合肥 30 ～ 50 千克作

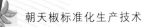
底肥。边移栽边浇定根水。定植7天左右缓苗后，每亩用清粪水兑2千克尿素施提苗肥。移栽后45天左右，追施坐果肥，一般每亩可施钾肥7千克左右、尿素5～7千克。盛花期叶面喷施锌肥和硼肥1次。及时中耕除草，注意防治辣椒常见病虫害，及时分次采收。

5.注意事项 苗期注意防治猝倒病、灰霉病。重茬栽培可能致传染性病害蔓延，应注意土传病害的预防。生长发育适宜的温度为20～30℃，过低或者过高的温度可致生长缓慢、果实发育不良或病害增多。青熟果时预防炭疽病，最好在底肥中增施钙肥（过磷酸钙，30～50千克/亩）防裂果或青熟果时增施钙肥。移栽时要及时防治地老虎。辣椒大田期在长期阴雨天气、暴雨和暴晴后要及时预防疫病和青枯病，青熟果预防炭疽病。

第二章
基地选择及管理

🍃 第一节 基地选择

一、产地条件

基地环境应符合《无公害农产品　种植业产地环境条件》（NY 5010—2016）要求。远离污染源，生态条件好，地势高燥，光照好，地下水位较低，排灌方便。山地要求坡度20°以下。前三年未种过茄果类作物。

二、气候条件

年日照时数1 150 ~ 1 350小时，无霜期250天以上。

温度要求：有效积温≥10℃期间的积温3 200℃以上，生长期温度为12 ~ 30℃。苗期适温为白天25 ~ 28℃，夜间15 ~ 17℃；开花结果期适温为白天25 ~ 28℃，夜间16 ~ 20℃，温度低于15℃或高于35℃影响授粉受精；盛果期适温为白天25 ~ 28℃，夜间15 ~ 18℃，9 ~ 10℃的温差有利于结果。

空气相对湿度：55% ~ 80%。

海拔：600 ~ 1 300米。

三、土壤条件

土壤理化性状良好，土层深厚，疏松肥沃，富含有机质，pH在6.2 ~ 7.5的沙壤土或壤土为宜。

四、茬口选择

低海拔富热河谷区可根据热量条件选择春提早、秋延晚、秋冬茬栽培，中、高海拔区可根据热量条件选择春夏茬、夏秋茬栽培，地方特色辣椒品

种按当地茬口种植。

五、合理轮作

避免与茄科、葫芦科作物连作，宜与禾本科、十字花科、豆科作物轮作。

🌶 第二节　基地管理

一、保护有益生物

对辣椒基地害虫及鼠类天敌及其栖息地、繁殖场所进行保护，禁止猎捕、收购、加工、销售辣椒基地的农业有益生物。

二、保护基地环境

经营、使用辣椒基地的单位和个人，有保护和改善辣椒基地生态环境的义务，应当开展生产基地生态环境建设，推广应用农业环保技术。

单位或个人在承包、租赁辣椒基地之前，可以委托农业行政主管部门对农产品基地环境质量进行监测评价，农业行政主管部门应当及时提供服务。

承包、租赁辣椒基地的应当保护辣椒基地环境质量，在承包、租赁期满前，农业行政主管部门应对该辣椒基地环境质量进行专项监测评价，造成生产基地环境质量污染和破坏的，责令限期治理、恢复。

三、推广使用新技术、新成果

鼓励在辣椒基地内推广应用生态农业技术，提倡建设生态良性循环的辣椒基地。农业新技术、新成果、新的农用化学物质在辣椒基地推广应用之前，必须向当地农业部门提出申请，经检测符合辣椒基地产地环境要求的，方可推广应用。

四、生产基地可持续发展

禁止在辣椒基地内使用剧毒、高残留农药，提倡推广使用高效、低毒低残留农药和生物防治病虫害技术。使用农药必须严格执行国家有关农药安全使用的规定。

在生产基地应大力推广使用易回收利用、易处置或者在环境中易消纳的农用薄膜（图2-1）。使用不易分解的农用薄膜时，其残留应当及时回收。

图2-1　使用降解薄膜

饲养畜禽的单位和个人，必须进行废弃物无害化处理，严禁向辣椒基地排放有毒有害废弃物，防止对辣椒基地环境造成污染。

占用辣椒基地堆放、贮存、处置固体废物的，必须征得辣椒基地所在地的县级农业行政主管部门同意，经所在地环境保护行政主管部门审查批准后，方可按有关规定办理征地占地手续，并采取防扬散、防自燃、防渗漏、防流失等措施，防止对辣椒基地环境造成污染。

向辣椒基地排放废气、烟尘或者粉尘的，必须符合国家或地方规定的排放标准，并采取措施保证辣椒基地内辣椒作物不受大气污染的危害。向辣椒基地和基地灌溉渠道排放工业废水和城市污水的，必须符合国家或地方有关农田灌溉水质标准。

辣椒的生产、加工、包装、贮运过程必须符合《朝天椒生产技术操作规程》。并在每批收获前进行自我速检，杜绝农药残留超标的辣椒产品运出基地。

对违反上述规定，造成基地环境污染的，由相关部门责令限期治理，消除污染，赔偿经济损失。

第三章

整　地

第一节　土地翻犁

辣椒种植之前进行必要的土地整理，有利于后期辣椒根系对土壤水分、养分等的吸收，促进辣椒植株健康、快速生长。

一、作用

一是使表层土与深层土有效混合，破除土壤板结；二是熟化土壤，改善土壤团粒结构、透气性等理化状况，加强辣椒根系正常呼吸和养分吸收；三是使越冬期的害虫、虫卵以及病菌等暴露在外，经低温冷冻致死，达到消灭土壤病虫害的目的；四是翻埋肥料和残茬、杂草等（图3-1）。

图3-1　土壤翻犁效果

二、方法

　　一般在秋季进行（10—11月），结合施用有机肥，机械翻犁土壤25～35厘米，深浅一致，开畦要直，耕幅一致，避免漏耕，翻转良好，避免将下层的生土和砂石翻到土壤耕层。耕幅偏差±5厘米，重耕率小于3%，漏耕率小于2%（图3-2）。

图3-2　土壤翻犁

三、适用机械

　　1.翻犁机械　型号为雷沃554拖拉机（图3-3），配1L-425四铧犁。四轮驱动高花胎，功率约为40千瓦，翻犁深度为18～35厘米，生产效率为每小时2～3亩。

　　2.旋耕机械　型号为东风554拖拉机，配1GQN-180旋耕机（图3-4）。四轮驱动高花胎，功率约为40千瓦，耕幅1.8米，耕深15～25厘米，生产效率为每小时2～4亩。

图3-3　雷沃554拖拉机

图3-4　东风554拖拉机配1GQN-180旋耕机

第二节 施 肥

一、作用

供给辣椒整个生长期中所需要的基础养分，为辣椒生长发育创造良好的土壤条件，具有改良土壤结构、培肥地力的作用。作基肥施用的肥料大多是迟效性的有机肥料，养分释放均匀长久，可全面促进辣椒生长，还具有提高土壤有机质含量，促进土壤腐殖质形成，提高土壤生物活性，刺激作物生长，提高解毒效果，净化土壤环境，提高土壤自净能力的作用（图3-5）。

图3-5 施肥效果

二、种类

有机肥为厩肥、堆肥、家畜粪等充分腐熟的农家肥或商品有机肥等，化肥为复合肥（N：P：K≥15：15：15，或≥9：6：25，或≥10：10：20），根据不同土壤确定不同肥料配方。

三、辣椒施肥指导原则

因地制宜地增施优质有机肥，推荐施用微生物有机肥。

开花期控制施肥，从始花到分枝坐果时，除植株严重缺肥可略施速效肥外，都应控制氮肥施用，以防止落花、落叶、落果。幼果期和采收期要及时施用速效肥，以促进幼果迅速膨大。移栽后到开花期前，促控结合，以薄肥勤浇（图3-6）。

图3-6 辣椒田间施肥

忌用高浓度肥料，忌湿土追肥，忌在中午高温时追肥，忌过于集中追肥。

四、施肥量

1.有机肥施肥量 优质农家肥2 000～4 000千克/亩，商品有机肥100～200千克/亩。

2.化肥施用量 产量水平在2 000千克/亩以下时，施氮肥（N）6～8千克/亩、磷肥（P_2O_5）2～3千克/亩、钾肥（K_2O）9～12千克/亩；产量水平在2 000～4 000千克/亩时，施氮肥（N）8～16千克/亩、磷肥（P_2O_5）3～4千克/亩、钾肥（K_2O）10～18千克/亩；产量水平在4 000千克/亩以上时，施氮肥（N）16～20千克/亩、磷肥（P_2O_5）4～5千克/亩、钾肥（K_2O）18～24千克/亩。

五、方法

1.基肥 优质农家肥在冬季土壤翻犁时施用，将腐熟肥料撒到地表，随着翻地将肥料全面施入土壤表层，然后耕入土中。商品有机肥与复合肥在起垄做厢时，采取条施形式将肥料相对集中地混合施在辣椒种植带，作基肥一次施用（图3-7、图3-8）。

图3-7　施用有机肥　　　　　图3-8　施用有机、无机复合肥

2.**追肥**　一般情况下氮肥总量的20%～30%作基肥，70%～80%作追肥，对于气温高、湿度大情况应减少氮肥基施量，甚至不施；磷肥总量的60%作基肥，留40%到结果期追肥；钾肥总量的30%～40%作基肥，60%～70%作追肥。每次追肥应结合培土和浇水。在生长中期注意分别喷施适宜的叶面硼肥和叶面钙肥产品，防治脐腐病。

🌶 第三节　起垄做厢

一、作用

一是能接受更多的光照从而提高地温，增加了光合效能；二是起垄能增加土壤通透性，促进作物根系生长发育，增强抗逆性；三是起垄的地块排灌方便，管理比平畦栽培更方便，能吸收更多的养分和水分，利于植株生长发育和花芽分化，提高坐果率。

二、方法

起高厢，在厢的四面开沟，厢高而沟低，以便排水，垄呈梯形。厢高

20～30厘米，单行种植垄宽30～40厘米、沟宽30～40厘米（图3-9），双行种植厢宽60～80厘米、沟宽30～40厘米（图3-10）。

图3-9　单行种植垄

图3-10　双行种植厢

🖊 第四节　铺 地 膜

一、作用

能够提高地温，保水、保土、保肥，提高肥效，还有灭草，防病虫，防旱抗涝，改进近地面光热条件，使产品卫生清洁等多项功能。

二、地膜选择

1.透明地膜　透明地膜具有保湿、抗涝作用，提高地温效果明显，但除草效果不佳，无防虫作用（图3-11）。

2.黑色地膜　黑色地膜具有保湿、抗涝作用，除草效果好，提高地温效果不明显，无防虫作用（图3-12）。

3.银灰色地膜　银灰色地膜有保湿、抗涝作用，驱蚜

图13-11　透明地膜

虫、防病毒、除草效果好，能增加地面反射光，有利于果实着色。

4.**银黑两面膜**　银黑两面膜（银灰色面朝上，黑色贴地）兼具黑色地膜和银灰色地膜作用（图3-13）。

图3-12　黑色地膜

图3-13　银黑两面膜

三、方法

在做好的厢面覆盖地膜，单行种植地膜宽60～70厘米，双行种植地膜宽100～120厘米。土壤表面一定要湿润，持水量达到70％时盖膜，盖膜时要紧贴厢面，绷紧拉直，四周用泥土压紧，以风刮不动为宜。

第四章
育苗技术

辣椒育苗分为传统育苗方法和设施育苗方法。传统育苗方法多用于新中国成立初期至20世纪80年代初期，这一时期，辣椒种子为常规种，生产条件较差，各种基础设施、交通不发达，种植技术落后，辣椒育苗以点播为主。改革开放后，辣椒育苗在农业技术人员的努力实践应用研究下，采用厢式撒播育苗，提高了辣椒的生产水平。20世纪90年代初期至2003年，随着粮食"五突破"技术的推广应用，农业技术人员在生产中借用烟草、玉米营养块育苗的方式，在辣椒育苗上采用营养块育苗，推进了辣椒产业的发展壮大。科学育苗方法是从2003年开始的，这一时期，随着社会的进步和农业生产的发展，农业基础设施、交通得到不断改善，辣椒杂交种得到全面推广，辣椒产业的规模化、集约化、标准化水平不断提高，在农业科技研究工作者和广大基层农业技术人员的共同努力研究和推广应用下，辣椒育苗从营养块育苗发展到漂浮、穴盘育苗，这是辣椒育苗上的一次重要革命。本章主要结合大面积生产实际，介绍营养块、漂浮、穴盘育苗方法。

第一节 育苗设施的建造

辣椒育苗主要采取保护地育苗，育苗设施为育苗棚，本节重点介绍育苗棚建造。

一、育苗棚的类型

育苗棚分为连栋大棚、大棚、中棚、小棚4类。

1. **连栋大棚**　顶高4.5米，肩高2.5米，单栋宽8米，间距4米（图4-1）。
2. **大棚**　顶高2.5～3.0米，肩高1.5米，长30米，宽8米。
3. **中棚**　长13米，底宽4.2米，高1.8米。
4. **小棚**　长12米，底宽1.5米，高0.8米。

图4-1　连栋塑料育苗大棚

标准大棚可采用钢架或竹竿建设，钢架建设顶高3米、肩高1.5米，竹竿建设顶高2.5米，无肩高；中棚、小棚用竹竿、竹条建设，棚室应南北向，以保障光照均匀。在大面积生产中按小漂浮盘、大漂浮盘规格确定棚内苗池的长、宽，棚膜需用无滴膜，厚度0.1毫米以上，底膜厚度0.06～0.08毫米。

二、育苗棚的建造

1.**钢架大棚**（连栋大棚）　钢架大棚规格为30米×8米×3米（连栋大棚规格不限），用小漂浮盘的苗池规格（内部）为长13.52米、宽3.3米、埂高0.11米，中间走道宽50厘米（与埂面持平），外侧埂宽12厘米，底膜规格为长14米、宽4米，厚度0.06毫米，每个钢架大棚内布置育苗池4厢，可育小漂浮盘苗1 040盘，供苗面积52亩。用大漂浮盘的苗池规格（内部）为长14米、宽3.6米，埂高、中间走道宽、外侧埂宽、底膜厚度与所用小漂浮盘规格相同，底膜长14.6米、宽4.4米，每个钢架大棚内布置育苗池4厢，可育大漂浮盘苗936盘，供苗面积46.8亩（图4-2）。

2.**中棚**　中棚规格为13米×4.2米×1.8米。用小漂浮盘的苗池规格（内部）为长11.5米、宽1.6米，埂高11厘米（池埂用长24厘米、宽12厘米、高11厘米的空心砖做成），中间走道宽50厘米（与埂面持平），外侧埂宽12厘米，底膜长12.5米、宽2米，厚度0.06毫米，每棚内布置育苗池2

梱，可育漂浮苗210盘，供苗面积10.5亩。用大漂浮盘的苗池规格（内部）为长12.7米、宽1.72米，底膜长13.1米、宽2.5米，中间走道宽、外侧埂宽、底膜厚度、每棚厢数盘数、可供栽插面积与用小漂浮盘规格相同。盖膜规格长16米、宽8米，厚度0.08毫米，支撑骨架选用竹竿、竹条（图4-3）。

图4-2　单体钢架塑料育苗大棚

图4-3　简易育苗棚中棚

3.小棚　小棚规格为12米×1.5米×0.8米。用小漂浮盘的苗池规格（内部）为长11米、宽1米，埂高11厘米（池埂用长24厘米、宽12厘米、高11厘米的空心砖做成），底膜长12米、宽1.4米，厚度0.06毫米，每厢育苗60盘，供苗面积3亩。用大漂浮盘的苗池规格（内部）为长11.5米、宽1.2米，埂高11厘米，底膜长12.5米、宽1.6米，厚度0.06毫米，每厢育苗60盘，供苗面积3亩。盖膜规格长14米、宽2米，厚度0.04毫米，每棚之间走道宽60厘米，支撑骨架选用小竹竿、竹条（图4-4）。

图4-4　简易育苗小棚

第二节　育苗地选择及种子处理

一、育苗地选择

选择无污染、生态生产条件好、背风向阳、地势平坦、水源方便、交通和电源便利地块建造育苗大棚。

二、种子处理

1.**晒种**　播种前选晴天晒种2～3天。

2.**温汤浸种**　温汤浸种的目的是利用热力杀灭附着在种子表面和潜伏在种子内部的病菌。先将种子放入干净的小盆中，再将种子质量2倍的55～60℃的热水倒入，并不停地搅拌，使种子受热均匀，放入温度计观察水温，使55～60℃的水温保持15～20分钟，达到杀菌的目的。水温下降后，清水洗净种子，继续浸泡12～24小时直到种子充分吸足水分。

3.**药剂消毒**　用0.1%的高锰酸钾浸种10分钟或用1%的硫酸铜浸种5分钟，清水洗4～5次，然后进行适当晾晒，便于播种或催芽。

4.**种子催芽**　若棚外温度低于15℃，不能满足辣椒发芽的最低温度，则不在棚内催芽播种。若棚外温度高于15℃应采取催芽播种，把用药剂消毒处理的种子装入布袋或盘内，种子厚度以2厘米为宜，放在28～30℃恒温下催芽。在催芽过程中要经常翻动种子，经4～5天，当70%种子露白时即可播种。催芽播种发芽迅速、出苗整齐，但播种时效率相对较低。

第三节　营养块育苗

营养块育苗分一段育苗和假植两段育苗两种方式。一段育苗为营养块直播育苗；假植两段育苗是先按常规厢式撒播育苗，2～3片真叶时再分苗假植在营养块上。在营养块育苗过程中，需抓好以下的关键环节。

一、苗床制作

选择肥沃疏松、背风向阳、未种过茄科作物的田土，按厢面100～120厘米做畦，早春育苗厢面高于地面5～10厘米。每平方米施用腐熟农家肥15～20千克、优质复合肥0.25千克，深挖切碎平整，结合补水，每平方米苗床用50%多菌灵可湿性粉剂8～10克消毒，再用辛硫磷加水溶解后，均匀拌合，喷洒床土杀虫，制成边长为6～7厘米的营养块，每营养块中央插一直径0.7～1.0厘米、深约为0.5厘米的浅洞，覆膜保湿待播种。大规模苗床地四周开20～30厘米宽的排水沟（图4-5）。

图4-5 辣椒育苗苗床

二、播种时间和方法

以2月中旬至4月中旬"冷尾暖头"播种为宜，直播每营养块播2～3粒。播种前1天检查苗床水分，确保苗床湿润，播后盖细土0.5～1.0厘米，最后铺地膜，四周压实后再搭小拱棚。计划育苗数应多于实际用苗数的20%，一般亩需播种苗床面积为15米^{2}左右，种子70克左右。分苗假植两段育苗的，亩需播种苗床面积为3～4米^2；2～3片真叶时假植，亩需苗床面积不少于15米^2。田间农事操作与直播营养块育苗相同。

三、苗床管理

辣椒出苗到长出真叶为幼苗生长前期，白天温度可保持在20～28℃，夜间可保持在15～17℃，土温不能低于17℃。早期主要任务是保温防寒，后期主要注意适时放风，防止烧苗、病害、徒长，移栽前揭膜炼苗（图4-6）。

图4-6　辣椒幼苗

🌿 第四节　漂浮育苗

一、漂浮盘的类型

在生产上应用的漂浮盘类型分大、小两种：小漂浮盘为160穴，规格为52.5厘米×33.5厘米×6.0厘米；大漂浮盘为160穴，规格为56.7厘米×35.7厘米×6.0厘米。一般以20盘/亩为标准设计育苗营养池的大小（图4-7）。

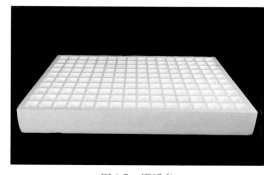

图4-7　漂浮盘

二、育苗前准备

1.**种子消毒**　播种前晒种2天，用55～60℃温水浸种，搅动15～20分钟，捞出后用0.1%高锰酸钾浸种10分钟或1%硫酸铜浸种5分钟，清水洗4～5次，然后进行适当晾干，便于播种。

2.漂浮盘消毒 新盘不进行消毒，旧盘必须消毒后才能使用。消毒程序及方法：先将旧盘洗净后用0.1%硫酸铜液浸泡10分钟，再用0.4%漂白粉液漂洗（漂白粉200克加水50千克），或用500倍多菌灵药液浸泡漂浮盘30分钟即可。

3.杀虫、添加池水和营养液 对育苗池底部使用杀虫药剂后立即铺底膜。漂浮育苗是在水中进行的，水质的好坏直接影响辣椒苗的生长，水质应符合《无公害产品 种植业产地环境条件》（NY 5010—2016）的要求，pH以6.5～7.0为宜，电导率1 500微西门子/厘米以下为宜，因此，建棚前选好水源非常关键。放盘于棚内1～2天前加入清洁、无污染的流动水看是否漏水，如果出现漏水现象，及时更换和补好底膜。第一次灌水3～5厘米深，按标准（每盘10克）向池内放入辣椒漂浮育苗专用营养液和添加硫酸铜防止绿藻。

三、基质、肥料配制和选择

1.基质配比 按照秸秆：腐殖质：牛粪（或油饼）：珍珠岩：蛭石＝7：3：3(或1)：3：1配制基质，在基质中添加0.5%氮磷钾肥以及0.1%硫酸铜和0.5%多菌灵等掺匀并加水，直到用手抓一把介质，当松开手时，介质团开裂，但仍保持团状即可装盘（图4-8）。

2.基质选择 选择贵州卓豪农业科技股份有限公司、湖南省湘晖农业技术开发有限公司、遵义联谷农业科技有限公司生产的基质育苗。

3.肥料配比 氮、磷、钾把含量配比以1：1：1为宜，再加入浓度各为0.1%硫酸铜和微肥。

4.肥料选择 可选择自配肥料或专用的漂浮育苗肥料。

图4-8 辣椒漂浮育苗基质

四、装盘

装盘前首先要检查浮盘底孔是否堵塞，有堵塞的需先钻通。先在地上铺一张干净薄膜，如果基质在运输过程中有结块成团现象，将基质过筛一下，然后喷水调整基质湿度（调到45%～55%），达到手握成团、触之即散为宜。如介质紧粘在一起，则水分过多，应适当摊晒，以降低水分。用辣椒漂浮育苗基质装盘，装填时用直木板将基质推入穴内，将漂浮盘孔穴装满，达到不架空、不过紧、松紧适中，压平，打穴，待播（图4-9）。

图4-9　装盘

五、播种

1.播种方法　机械化直播、半机械化直播、人工直播。

2.播种要求　种子质量符合国家标准要求，播种穴深6～10毫米，常规种每穴2～3粒，杂交种每穴1粒，播种后，盘面均匀筛（撒）盖少量基质覆盖种子与格盘盘面齐平（图4-10）。

3.漂浮盘入池　当水温、气温均稳定超过10℃时，将播好种的漂浮盘整齐平放入营养池中。入池1天后检查漂浮盘，如孔穴不吸水，用细铁丝钻通，确保基质种子吸水充分。

图4-10　漂浮盘播种

六、苗期管理

1.**温湿度管理**　　出苗前，必须盖严农膜严格保温，促进种子的萌发，遇到大晴天，10：00—16：00棚内温度会骤增，湿度变得很高，要及时揭开棚膜两端进行通风排湿，防止高温烧苗，减少绿藻的滋生。

2.**肥料管理**　　施用底肥，自配肥料在漂浮盘入池前按N、P_2O_5、K_2O的浓度各为0.03%施用，专用漂浮育苗肥按标准盘10克/盘施用。追肥在辣椒苗2～3片真叶后，自配肥料按N、P_2O_5、K_2O的浓度各为0.05%施用（自配肥可采用在2片真叶时按N、P_2O_5、K_2O的浓度各为0.08%一次性施用），专用漂浮育苗肥按标准盘20克/盘施用。同时按1克/盘的用量标准在苗池里加入硫酸铜，防止池内产生绿藻。将肥料溶解于桶中，取出漂浮盘，将营养液注入池内搅匀，然后加清洁水至6～8厘米（图4-11）。

图4-11　漂浮育苗肥水管理

七、病虫害防治

综合防治，预防为主。育苗棚内禁止吸烟。进行各项农事操作之前，要用肥皂水洗手，以防止病害的传播。发现苗床出现病株要及时拔除处理，着重预防苗期猝倒病、灰霉病、病毒病、蚜虫等。

八、炼苗

移栽前15～20天断水、断肥炼苗2～3次，以辣椒苗中午萎蔫、早晚能恢复为宜。移栽前两天停止炼苗，把苗盘放入营养池内，让辣椒苗充分吸足水肥，再移栽到大田。

🍃 第五节　穴盘育苗

一、材料与设施

1.穴盘　采用塑料、聚乙烯等材料按照一定规格制成圆锥体或方锥体多个孔穴连为一体的孔穴容器即穴盘，该容器底部有排水孔，孔穴外形规格标准一致，在孔穴里装满基质后，可用于辣椒等蔬菜种子播种育苗。该孔穴容器材料轻质、保水、保肥、通气性能好（图4-12）。

2.环境　环境、空气质量符合《环境空气质量标准》（GB 3095—2012）的规定，土壤符合《土壤环境质量　农用地土壤污染风险管控标准（试行）》（GB 15618—2018）的规定，苗床基地远离工矿企业等污染源。灌溉水质应符合《农田灌溉水质标准》（GB 5084—2021）的规定，其EC值小于0.25毫西门子/厘米，pH 5.5 ~ 7.5。

3.设施　用日光温室、连栋温室、塑料拱棚、防虫防雨棚等设施开展育苗，要求设施坚固，抗灾能力强，具备一定调控温度、湿度环境的能力。可安装行走式或固定式自动喷水设备及细孔喷头，达到喷水均匀，提高工作效益，减少劳动投入（也可利用软管、喷壶或喷雾器浇水）。单独大棚或小拱棚用软管、喷壶或喷雾器浇水（图4-13）。

4.地面苗床　用大棚或小拱棚内的厢面制作苗床，采用高厢厢面，苗

图4-12　辣椒育苗穴盘

图4-13　连栋温室育苗设施

床厢面宽 1.5 ～ 2.0 米或以穴盘宽的整倍数为准（一般以 4 ～ 6 盘为准，太宽不便于操作），整平拍实床面，苗床长度依棚长度而定，把播好种子的穴盘直接放置在苗床上。

5.**育苗床架** 日光温室玻璃大棚、连栋塑料大棚可建设成育苗床架，架高 80 ～ 100 厘米，架宽 1.2 ～ 1.3 米（即床面宽度为育苗穴盘宽度的整数倍，一般为 4 ～ 6 盘的宽度），长度不限，各架之间留宽 45 ～ 50 厘米操作道。

6.**种子** 选用适合目标市场消费和当地气候、土壤条件的品质好、抗病性强、产量高的品种。需符合《瓜菜作物种子 第 3 部分：茄果类》（GB 16715.3—2010）要求，宜选用发芽率高和发芽势强的种子，使出苗整齐。

二、育苗前准备

1.**消毒** 育苗前清除育苗棚内外杂草及污染物，使用杀菌剂、杀虫剂对育苗棚设施和棚内外土壤进行消毒处理。旧穴盘必须消毒后才能使用，新穴盘可以不经消毒直接使用。旧穴盘使用前采用化学或物理防治方法进行消毒，消毒程序及方法：先洗净旧穴盘后用 0.1% 硫酸铜液浸泡 10 分钟，再用 0.4% 漂白粉液漂洗（漂白粉 200 克加水 50 千克），或用 500 倍多菌灵药液浸泡穴盘 30 分钟即可。

2.**预湿、装盘** 要求基质相对含水量达 60% 左右。小于 50% 的基质干，手握不成团；大于 70% 的基质湿，手握松开不开裂。60% 左右的基质标准是手握成团，触之即散，当手松开时，基质团开裂，但仍保持团状即可装盘。装盘分手工装盘和机械装盘两种：手工装盘操作穴面时用方铲或木块从穴盘的一方刮向另一方，使每个孔穴都装满基质，基质表面平整，装盘后隐约看见穴盘格室；机械装盘需要保证进料充足和机器运作正常，不堵塞。

3.**种子处理** 包衣种子可以直接播种，未包衣种子可采用 55 ～ 60℃温汤浸种均匀搅拌 15 分钟或采用药剂消毒，沥干水后晾晒至种子用手触摸不粘手时即可播种。

三、播种

1.播种方法

（1）人工播种。先压穴，把 10 ～ 15 盘装满基质的穴盘整齐叠加在一起，用 10 盘整齐叠加在一起的同规格空穴盘，整齐对准放在装满基质的穴盘孔穴上，先平放张开的双手在空穴盘上两边缘，稍用力压穴，再将双手放于中间压穴，使装满基质的穴盘形成与盘面深1厘米左右的小坑。常规种每1个孔穴播2粒种子，杂交种每1个孔穴播1粒种子，根据不同品种特性确定亩栽苗数，根据生产种植面积确定播种面积（播种盘数），每亩多播2～3盘，用作补缺（图4-14）。

图4-14　穴盘人工播种

（2）机械播种。机械播种分半自动和全自动两种（图4-15）。半自动机械播种基质装盘、压穴、盖种由人工作业，播种由人工操作机械进行，比手工播种快3.3倍。全自动机械播种基质装盘、压穴、播种、盖种一次性完

a　　　　　　　　　　　　　　　　b

图4-15　机械播种
a. 全自动播种机　b. 半自动播种机

成，播种快、匀，效益好，要求种子不浸泡消毒，基质不能结块成团。使用中根据穴盘规格调准机械打孔器和精量播种器，把穴盘平放在播种机的起始台面上，开动机器和辅助人力保证穴盘按已定操作顺序进行基质装盘、压穴、播种（使辣椒种子精确点播至穴盘的每一个孔穴中）、盖种，一次性完成播种工作工序。

2.播后管理 全自动机械播种后已盖好种子，不需要再进行盖种。半自动机械和人工播种的，每播好一个穴盘的种子后，要进行盖种，原则上盖种要求基质与穴盘格室相平，即基质盖好种子后，能清晰看见穴盘的格室，基质不足补充基质，过多则去掉，一次性完成盖种。把播入种子的育苗穴盘直接摆放在苗床上，当棚内温度和近期15天的温度大于10℃以上后，再确定喷水，喷水每次都要喷透，以穴盘底部渗出水为好，然后盖好薄膜保湿增温催芽，达到出苗整齐（图4-16）。

图4-16 浇 水

四、苗期管理

1.出苗期管理 出苗前控温为主，保持基质湿润，7～10天揭开棚两边通风换气1次，排除棚内的二氧化碳、杂质等污染物，通风换气后立即封闭棚两端保温。

2.子叶期管理 前期为出苗后至真叶苞叶露出，以保温防寒防病为主，夜间温度不低于15℃，白天温度保持在25℃以内，注意膜内温度达30℃以上，要及时通风控温防烧苗。此期管理目标是防止徒长，为培育壮苗打好基础。采取的具体关键技术环节是辣椒幼苗出土后，让其充分见光，适当控制水分，白天温度28℃以上揭棚两端通风换气降至15～20℃，夜间温度降低到15～18℃，子叶平展未露苞叶时防治一次猝倒病，这一时期，控水、浇水、控温要求较高。辣椒幼苗出苗率达到60%以上时，不能随意随时浇水，严格控制盘里水分过多，湿度过大引发病害，穴盘中基质表面发白，用手触摸基质表面不粘手时浇水，每次浇水要浇透、浇匀。白天棚内温度低于15℃，夜间棚内温度低于10℃时，密闭大棚保温防寒；白天棚内温度高于30℃时，通风降温防烧苗（图4-17）。

图4-17　辣椒子叶期

3.**幼苗期管理**　此时为第一、二片真叶苞叶露出至第三、四片真叶全展开，以保温、防病、防寒、防烧苗及施肥管理为主。夜间温度不低于17℃，白天温度保持在28℃以下，膜内温度超过35℃以上时，要及时通风控温防烧苗。两片子叶平展后追肥，每7～10天施1次肥，直到第五、六片真叶全部展开断肥，这一时期注意防治灰霉病、病毒病、蚜虫、小菜蛾等，白天保持在15～20℃，夜间8～15℃，注意适时放风，使设施内环境充分与外界融合一致（图4-18）。

图4-18　辣椒幼苗期

4.成苗期管理　采用控水、控温、干湿交替方法进行苗期水分管理，施肥与浇水结合进行。

5.水、肥、温度控制

（1）控水浇水标准。幼苗第一、二片真叶展开时，控制幼苗浇水，直到穴盘中基质表面发白，用手触摸基质表面不粘手，子叶出现萎蔫，再浇透、浇匀水。幼苗第三、四片真叶展开时，控制浇水，直到第一、二片真叶叶尖出现萎蔫，再浇透、浇匀水。幼苗第五、六片真叶展开时，控制浇水，直到第三、四片真叶叶尖出现萎蔫，再浇透、浇匀水。第五、六片真叶展开后，严格控制水分，直到心叶以下叶片萎蔫，再浇透水，反复进行3～4次，达到苗不易折断，可以移栽大田。

（2）控温标准。第三、四片真叶全部展开前，白天棚内温度高于30℃时，或夜间棚内温度高于20℃时，打开玻璃大棚、连栋大棚四周的窗户和天窗降温，一般拱棚揭开四周的塑料薄膜降温，白天棚内温度保持在20～25℃，夜间棚内温度保持在15～18℃。第三、四片真叶全部展开后，开始炼苗，大棚四周窗户和天窗或四周薄膜打开，全面通风放风，充分与外界环境融合一致，白天保持在15～20℃，夜间8～15℃。

（3）水分、施肥管理。苗期水分管理由于育苗设施不同而采取灌水、浇水、喷水3种操作。地底铺薄膜漂浮育苗方式的苗床采用"底吸水"灌水，也可以采用浇水、喷水方式；地底未铺薄膜、育苗床架育苗方式的，采取浇水、喷水管理水分，喷水要安装喷水设施才能正常进行，浇水利用简易工具就能操作。不管采用哪种方式进行水分管理，基质都要充分吸足水分，即灌水基质湿润水分足够，浇水浇匀浇透底见流水，喷水（雾状）底孔见水珠。浇水次数视辣椒幼苗生长情况和育苗期间的天气而定，穴盘表面的育苗基质缺水时补充水分，一般早上浇灌，高温期在早上气温较低时浇水，低温期中午浇水，阴雨天、日照不足和湿度高时不宜浇水，总之，不干不浇水。

根据不同幼苗发育阶段，采用水溶性肥料通过喷、浇施和"底吸水"水分施肥法，补充水分和矿质养分。基质未配有肥料，就用含微量元素的水溶性肥料（N ∶ P ∶ K = 20 ∶ 10 ∶ 20），按总肥料的0.1%～0.2%喷、浇施，"底吸水"用0.08%～0.10%灌溉。

播完种后，用含微量元素的0.05%水溶性肥料（N ∶ P ∶ K = 1 ∶ 0.5 ∶ 1）喷透水。辣椒幼苗两片子叶平展后，开始追肥，每7～10天施1次肥。辣椒幼苗生长前期，发育慢，需肥量小，可适当延长施肥时间。育苗期间若遭遇低温、连阴天气，施肥间隔期适当延长，一般10天施肥1次；风大、连续晴天，喷、浇水次数多，宜缩短施肥间隔期，一般7天施肥1次。

6. 炼苗 辣椒炼苗贯穿于苗期的始终，根据苗长势、温度、湿度进行控水炼苗，一般前期适当控制水分、中期轻度控制水分、后期重度控制水分。前期辣椒幼苗出苗率达到60%以上和子叶全展、真叶苞叶露出时采取适当措施控制浇水炼苗，中期第一、二片真叶苞叶露出和第三、四片真叶全展开时轻度控制水分炼苗，后期第三、四片真叶全展苞露后采取重度控制水分措施炼苗。一是采取保持基质相对湿度在60%左右炼苗，苗长势旺停止施肥炼苗；二是控水至心叶以下叶片萎蔫炼苗，然后浇透每穴水，反复炼苗3～4次。炼苗后植株定植成活率高，缓苗快。起苗移栽前一天或当天，结合浇水配施0.1%～0.3%的水溶性肥料（N ∶ P ∶ K = 20 ∶ 10 ∶ 20），喷透水，便于从穴盘内提苗。

五、病虫害防治

1. 防治原则 辣椒病虫害的防治应遵循"预防为主，综合防治"的植保方针，坚持"物理防治、生物防治为主，化学防治为辅"的农业防治无害化控制原则，应严格按照《农药合理使用准则》（GB/T 8321—2018）的规定执行。

2.**主要病虫害及防治** 主要病害有猝倒病、灰霉病、病毒病等。猝倒病用69%烯酰·锰锌或72%霜脲·锰锌或75%百菌清800倍液喷雾防治，灰霉病用50%腐霉利可湿性粉剂200倍液或50%多菌灵可湿性粉剂1 000倍液防治，病毒病用香菇多糖、盐酸吗啉胍防治。主要虫害有蚜虫、小菜蛾等，蚜虫、小菜蛾可用吡虫啉、啶虫脒防治。

六、成品苗要求

1.**辣椒成品苗** 要求生长健壮，是壮苗而不是弱苗，株高10～18厘米，茎粗大于0.25厘米，无黄叶，无病害，幼苗整齐一致，根系紧紧缠绕基质形成完整根坨，不散坨。具体外观表现为茎秆粗壮，子叶肥厚完整，叶色嫩绿，白根多而密集（图4-19）。

2.**成品苗检验** 抽样要将同一产地、同一品种、同一批量的穴盘苗作为一个检验批次。按一个检验批次随机抽样，所检样品量为一个包装单位。检验指标主要包括形态指标、种苗的整齐度、病虫害发生情况和机械损伤等。

图4-19 辣椒成品苗

第五章
大田移栽及栽后管理

🌶 第一节　常规移栽技术

一、移栽时间

4月上旬至5月上旬，土壤温度稳定在15℃以上时进行移栽。根据不同海拔区域和温度条件适时提前或推迟，海拔越低移栽时间越早，海拔越高移栽时间越晚。

二、移栽方法

辣椒属于浅根系作物，根群主要分布在深度为10～15厘米的土壤之中，根据辣椒苗的高度一般种植深度在5～10厘米。常规品种幼苗6～8片真叶时移栽，每厢栽2行，单株移栽，行距0.4～0.6米，株距0.20～0.26米，每亩栽3 000～4 000株；杂交品种幼苗6～8片真叶时移栽，每厢栽2行（或1行），单株（或2株）移栽，行距0.4～0.6米，株距0.30～0.45米，每亩栽2 500～3 500株。选"冷尾暖头"的天气，一般在阴天或晴天的早晚进行，"品"字形移栽，移栽前先在膜上打深6厘米的定植孔。移栽时最好带土移栽，定植深度以看不见幼苗土坨为宜，定植后要压实土壤（图5-1）。

图5-1　辣椒苗移栽1

图5-1 辣椒苗移栽2

幼苗移栽后，及时浇缓苗水定根，同时喷药防治地下害虫，最后用土将定植孔周围封严。

三、移栽后管理

1.管理时间 移栽后5～10天。

2.追肥 根据天气、苗情等适当补肥，满足辣椒生长所需的营养，一般用30%～40%充分发酵沼液6 000千克/亩＋尿素5千克/亩，在距植株5～7厘米处灌施。追肥时要注意追肥位置，远离基部，防止肥料产生大量热量，导致烧根，引起死苗。

3.培土 结合除草在辣椒种植行上盖土，厚度2厘米，具有下降土壤中的水位、提升辣椒植株的抗倒伏能力。

4.防治病虫害 此阶段主要防治疫病、炭疽病。

第二节 辣椒免地膜节本增效种植技术

一、技术优点

采用无膜化栽培，可以减少土壤白色污染和物资投入，降低伏旱期地温，增加秋后辣椒产量。通过机械化中耕除草也可降低生产成本。增施有机肥，能增强辣椒的抗逆性，提高土壤有机质的含量，实现用地养地。采用绿色防控技术，可减少化学农药的使用，提高辣椒的品质。

二、移栽前准备

种植区域选择、品种选择、播种时间、育苗方式等参见第一、二、四章。

三、整地

1.地块选择 选择前茬未种过茄科、葫芦科作物的向阳、肥沃、交通便利、水源充足的土地进行辣椒栽培。

2.基肥施用 施用腐熟有机肥2 000千克／亩以上或施用商品有机肥200千克／亩以上，再施加辣椒专用肥80 ～ 100千克／亩作为基肥。

3.整地 除去田间杂草、秸秆以及其他废弃物。用旋耕机翻犁土地，应该在冬前深翻20厘米以上进行晒土，开春耙土保墒，四周挖边沟，中间开"十"字沟呈"田"字形，不起厢、垄（图5-2）。

图5-2 整 地

四、移栽

根据当地气温稳定时期确定移栽时间，一般在6 ～ 8叶（即4月上旬至4月下旬）进行大田移栽。缓坡地种植辣椒不起垄移栽，平地种植辣椒采用起垄移栽。按照单行定植，行距80 ～ 90厘米，单株移栽，株距30 ～ 40厘米，每亩种植2 500 ～ 2 800株（图5-3）。

图5-3 移栽完成

五、田间管理

整个辣椒生长季节全部采用机械或人工除草，杜绝使用除草剂。辣椒定植后40天左右，结合第一次追肥开展除草、中耕或起垄工作，施用辣椒专用肥10～15千克／亩，缓坡地采用机械或人工除草的方式除去田间杂草，同时提垄并覆盖追施的肥料，起到排水、抗倒伏、除草等作用。平地采用机械或人工除草的方式除去田间杂草，中耕并覆盖追施的肥料，整个结果期追施含钾、硼、锌等微量元素的叶面肥，根据辣椒的生长情况进行施肥。

六、病虫害防治

病虫害以预防为主，采用以农业防治、物理防治、生物防治为主，辅以化学防治的综合防治措施。物理防治包括人工除草、灯光诱杀害虫，生物防治主要采用天敌防治。

七、采收

当果实已经充分膨大，表面有光泽即可采收。其他以红椒为主的采收应根据市场质量要求进行，切记不能在雨天采收辣椒。

第三节　辣椒覆膜深窝（井窖式）高产栽培技术

一、技术优点

辣椒覆膜深窝（井窖式）高产栽培技术可以提早育苗期，适时早栽，有效减轻低温的影响，确保辣椒栽后成活和生长。在封孔前，利于雨水进入膜内，解决了地膜覆盖接受雨水难的问题。便于追施提苗肥和浇水。利于深栽，增强抗旱和抗倒伏能力，使膜内水分蒸发量下降，增强了土壤的保水能力，可以大大减轻干旱对辣椒生长的影响。分散移栽人工，将移栽工序分为3段，有效解决集中用工难的问题，常规定植时需要3个人工栽植1亩，深窝栽培1个人工可栽2亩。移栽速度快，缩短辣椒苗在苗床的时间，避免出现徒长苗。移栽早，能减轻夏旱、伏旱的影响。

二、移栽前准备

种植区域选择、品种选择、播种时间、育苗方式等参见第一、二、四章。

三、整地

1.地块选择 选择前茬未种过茄科、葫芦科作物的向阳、肥沃、交通便利、水源充足的土地进行辣椒栽培。

2.基肥施用 施用腐熟有机肥2 000千克/亩以上或施用商品有机肥500千克/亩以上,再施加辣椒专用肥80～100千克/亩作为基肥。

3.施肥起垄 移栽前15天,根据品种生长特性,一般按1.33～1.50米设置起垄线。起垄线设置后机械或人工起垄,根据地势确定垄高,一般洼地垄高25～35厘米,坡地垄高5～10厘米,垄面宽60～70厘米,垄沟73～80厘米。

4.地膜覆盖 垄面应呈平背、瓦背型,待淋透水或雨土壤湿润后,用宽度适当的地膜将垄面覆盖好,地膜两边要用泥土进行固定密封,既能防止被风吹开,同时也能起到保温保湿的作用。覆膜时间应比定植时间提早6～10天。

5.提土 在垄面两侧各种1行,每垄2行。株行距依不同品种确定,一般行距40～50厘米,株距33～40厘米。按种植密度,提前3～5天用工具将疏松的泥土0.5～1.0升放到厢面种植孔上,直径20厘米左右备用。

四、定植

1.打孔 用打孔器(烟草打孔器或手动打孔器)在土堆的中央打孔,孔深15厘米,直径10厘米(图5-4)。

2.放苗 幼苗来自穴盘育苗和漂浮育苗。将苗龄40～50天,株型紧凑,株高10～15厘米,5叶1心至7叶1心,叶绿色,茎粗壮,机械

图5-4 打 孔

组织发达，根系白色，成坨性好，无病虫害，抗逆性强的标准苗放入孔中。

3.**覆土**　浇定植水后，浅覆土，用膜上的泥土将幼苗的营养土盖住即可，不能将整个栽植孔填满。7天后及时施提苗肥（图5-5）。

图5-5　放苗、覆土

五、追肥，封孔

当苗长到离厢面10～15厘米时，进行第二次追肥，选择土壤不粘手时及时将栽培孔封严，其他管理同常规种植。

六、田间管理

见第六章。

第六章

田间管理

🍆 第一节　生长期管理

辣椒定植到结椒前的这个阶段均属于生长期，田间管理主要包括以下环节。

一、整枝，打杈

随着辣椒苗的生长发育，枝芽也伴随生长，尤其是杂交辣椒的枝芽生长最旺盛。当辣椒植株分杈以后，杈以下的枝芽应及早全部去掉，以减少营养消耗，增强透光通气能力。整枝、打杈时应选择晴天进行，雨天进行伤口难以愈合，容易感病。为减少病源，摘除的枝条应集中清理并移出田间掩埋（图6-1）。

图6-1　辣椒整枝效果

二、追肥

辣椒的生长期较长，又是多次采收，因此在重施基肥的基础上必须多次追肥，有利于及早建立丰产骨架，培育壮苗，增加植株抗病性（图6-2）。一般于定植后10～15天，在距离辣椒植株10厘米处打孔施肥，采用清粪水300千克/亩+尿素5～8千克/亩轻施。

根据植株的生长情况不定期进行叶面喷肥，以增强植株的长势和抗逆能力（图6-3）。可用0.25%磷酸二氢钾溶液进行叶面喷洒或用水溶肥料按比例稀释后进行叶面喷施。

图6-2　追肥管理

图6-3　叶面喷肥效果

三、清理排水沟、行间沟

辣椒属于耐肥、怕涝、怕旱作物，南方多雨地区要及时清理田间边沟和"十"字沟，便于排水；北方干旱区及时清理辣椒种植行间沟，浇水不漫过厢面。

四、中耕除草，上厢

辣椒生长期间应确保田间无杂草，促进辣椒根系生长，结合中耕除草认真做好培土工作（图6-4）。

图6-4　清沟、上厢

第二节　结果期管理

此时期是辣椒植株与辣椒果实同时生长期，对营养需求量大。

一、追肥

追肥能满足辣椒苗继续生长和辣椒果实生长对营养的需求。第一次追肥在现蕾至开花期进行，第二次追肥在采收二次果以后进行。

追肥以磷、钾肥为主，一般在距离辣椒植株10厘米处打孔施肥，追施钾肥10千克/亩、磷肥15千克/亩左右或复合肥（N：P：K≥6：9：25）15千克/亩。

用磷酸二氢钾施叶面肥（根外追肥），一般进行2～3次，最好是在盛果期喷施，间隔7～10天1次，应选在晴天傍晚或阴天喷施，此时肥料蒸发作用小，易被植物吸收（图6-5）。

图6-5　追肥后的辣椒长势

二、中耕除草，培土清沟

清除田间杂草，结合追肥，进行培土，防止辣椒倒伏。加强田间沟路清理，使田间沟路做到排灌自如，为辣椒生长营造良好的环境（图6-6）。

图6-6　中耕除草，培土清沟

三、病虫害防治

辣椒常见的病害有立枯病、炭疽病、猝倒病、疮痂病、病毒病等20多种。防治方法如下：一是搞好农业防治，选用前一年没有种植过茄科作物的土壤，开好排水沟，降低地下水位，减小土壤湿度，施用腐熟的人畜粪；二是药剂防治，可用1∶1∶（100～200）的波尔多液、多菌灵、百菌清、甲基硫菌灵、农用链霉素等药剂进行喷施，隔7～10天喷1次。

辣椒常见的虫害主要有地老虎（地蚕）、蚜虫、烟青虫（钻心虫）和斜纹夜蛾等。防治方法如下：当辣椒苗移栽后，及时做好诱杀地老虎等地下害虫的工作；杀虫的药剂有吡虫啉、阿维菌素等，喷施时严格按照各农药的使用说明进行配兑，喷药时间最好是晴天早上或傍晚（18∶00以后）。

第七章
主要病虫害发生规律及防治措施

🌶 第一节 苗期主要病害及防治方法

一、辣椒猝倒病

1.田间识别 子叶苗期苗床低温（15～16℃）、湿度大，容易发生猝倒病。在播种期染病的，造成胚芽变褐腐烂，种子不萌发；幼苗出土后感染的，幼茎基部病部呈水渍状病斑，接着病部变黄褐色，后缢缩成线状，引起幼苗猝倒或枯死。发病苗床可见到白色絮状菌丝，开始时只见个别幼苗发病，迅速向四周扩展，引起幼苗成片猝倒死亡（图7-1、图7-2）。

图7-1 辣椒幼苗期猝倒病

图7-2 辣椒成株期猝倒病

2.发病原因 猝倒病是由真菌（瓜果腐霉）侵染引起的，病菌在土壤中生长，从伤口直接穿过表皮侵染幼苗，主要由流水或溅水传播。低温阴雨天气，或播种过密、土壤潮湿、幼苗生长不良，易发此病。

3.防治方法

（1）合理选地。选择地势较高、排水良好的田块作为苗圃。

（2）苗床消毒。每平方米苗床用50％多菌灵可湿性粉剂10～12克拌干细土撒施苗床后播种，或30％甲霜·噁霉灵水剂1 500～3 000倍液3升浇淋，或50％甲霜·锰锌可湿性粉剂拌种，药剂用量为种子质量的0.3％～0.4％。

（3）药剂防治。出苗后立即喷药预防及治疗，每隔5～7天喷1次，连喷2～3次，药剂可选用53％精甲霜·锰锌水分散粒剂800倍液或72.2％霜霉威盐酸盐水剂800～1 000倍液或50％烯酰吗啉水分散粒剂2 000倍液或75％百菌清可湿性粉剂1 000倍液或64％杀毒矾可湿性粉剂500倍液喷雾。在发病初期用30％噁霉灵水剂5.0～7.5毫升兑水2～3升灌根。

二、辣椒立枯病

1.**田间识别**　辣椒立枯病多发生于育苗的中后期，受害幼苗茎基部产生椭圆形暗褐色病斑，明显凹陷；病苗初期白天萎蔫，夜晚恢复；当病斑绕茎一圈后，苗茎部收缩干枯，叶片凋萎。立枯病一般不倒伏，湿度大时，茎基部能见到淡褐色蛛丝霉状物。大苗或成株受害时，茎基部呈溃疡状，地上部变黄、衰弱、萎蔫，甚至死亡（图7-3、图7-4）。

图7-3　立枯病发病前期　　　　　图7-4　立枯病发病后期

2.**发病原因**　辣椒立枯病主要通过雨水、流水、农具以及堆肥传播，导致辣椒作物的生长受到一定的阻碍，病害开始大面积的蔓延。病菌生长适温为 17 ～ 28℃，地温 16 ～ 20℃适其发病，播种过密、土壤忽干忽湿、间苗不及时或幼苗徒长造成通风不良、湿度过高易诱发本病。连作障碍也可引起立枯病。

3.防治方法

（1）农业防治。用新土育苗。注意提高地温，适时放风，增强光照，避免苗床出现高温高湿。

（2）土壤消毒。育苗时进行土壤消毒，苗床可用50%多菌灵可湿性粉剂 8 克/米²，加营养土10千克拌匀成药土进行育苗，播前1次浇透底水，待水渗下后，取 1/3 药土撒在畦面上，把催好芽的种子播上，再把余下的 2/3 药土覆盖在上面，即"下垫上覆"，使种子夹在药土中间。

（3）种子处理。可用种子质量0.3%的45%噻菌灵悬浮剂黏附在种子表面后，再拌少量细土播种。也可用10%咯菌腈悬浮种衣剂按种子质量2克/千克拌种。还可将种子湿润后用干种子质量0.3%的75%萎锈·福美双可湿性粉剂或40%福美·拌种灵可湿性粉剂，或50%甲基立枯磷可湿性粉剂，或70%噁霉灵可湿性粉剂拌种。

（4）化学防治。苗期喷洒0.01%芸薹素内酯乳油8 000 ～ 10 000倍液或0.1% ～ 0.2%磷酸二氢钾，增强抗病力。苗床初现萎蔫症状，且气候有利于发病时，应及时施药，并注意保护剂和治疗药剂混用，以防止病害扩展。发病初期，可用以下杀菌剂或配方进行防治：5%井冈霉素水剂1 500倍液、36%甲基立枯磷乳油1 200倍液、50%异菌脲可湿性粉剂1 000倍液、72.2%霜霉威盐酸盐水剂600倍液、36%甲基硫菌灵悬浮剂500倍液、30%苯醚甲·丙环乳油3 000倍液＋70%代森锰锌可湿性粉剂600 ～ 800倍液、20%灭锈胺悬浮剂800倍液＋75%百菌清可湿性粉剂500 ～ 1 000倍液、20%氟酰胺可湿性粉剂600倍液＋65%福美锌可湿性粉剂600 ～ 800倍液、50%腐霉利可湿性粉剂1 500倍液＋70%丙森锌可湿性粉剂600 ～ 700倍液、10%多抗霉素可湿性粉剂600倍液＋75%百菌清可湿性粉剂500 ～ 1 000倍液，均匀喷雾，视病情隔7 ～ 10天喷1次。

辣椒立枯病在田间发病较多（图7-5），应注意及时施药防治，防止死苗，可用以下杀菌剂或配方进行防治：5%丙烯酸·噁霉·甲霜水剂800 ～ 1 000倍液、20%二氯异氰尿酸钠可溶性粉剂400 ～ 600倍液、20%甲基立枯磷乳油800 ～ 1 500倍液＋0.5%氨基寡糖素水剂500倍液，或50%

图7-5　立枯病田间症状

异菌脲可湿性粉剂800～1 000倍液灌根或喷淋，视病情隔5～7天1次。

三、辣椒灰霉病

1.**田间识别**　苗期危害部位为叶、茎、顶芽。发病初子叶先端变黄，水渍状皱缩，向心叶发展。后扩展到幼茎，致茎缢缩变细，常自病部折倒而死，湿度大时可产生浅灰色霉层。叶片染病，病部腐烂，或长出灰色霉状物，严重时上部叶片全部烂掉，仅余下半截茎（图7-6、图7-7）。

图7-6　辣椒大苗灰霉病　　　　　　　图7-7　辣椒幼苗灰霉病

成株期危害部位为叶、花、果实。叶片受害多从叶尖或叶缘开始，初成淡黄褐色病斑，逐渐向上扩展成V形病斑，湿度大时可见灰色霉层（图7-8）。茎部染病，初为条状或不规则水渍状斑，深褐色，后病斑环绕茎部，湿度大时生较密的灰色霉层，有时植株茎部轮纹状病斑明显绕茎一周，病处凹陷缢缩，不久即造成病部以上死亡（图7-9）。花器受害，花瓣萎蔫。发病初期花瓣呈现褐色小型斑点，后期整个花瓣呈褐色腐烂，花丝、柱头亦呈褐色。病花上初见灰色霉状物，随后从花梗到与茎连接处开始，并在茎上下左右蔓延，病部呈灰色或灰褐色（图7-10）。果实被害，发病多从果蒂处开始，病部果皮呈灰白色水渍状软腐，病斑很快扩展至全果。发病后，在病部均可产生灰白色或灰褐色霉层，病果内或果皮表面可形成黑色粒状菌核（图7-11）。

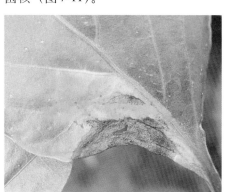

图7-8　辣椒灰霉病叶面症状

图7-9　辣椒灰霉病茎部症状　　　　图7-10　辣椒灰霉病花器症状

图7-11 辣椒灰霉病果实症状

2.**发病原因** 病菌以菌核遗留在土壤中，或以菌丝、分生孢子在病残体上越冬，在田间借助气流、雨水及农事操作传播蔓延。病菌较喜低温、高湿、弱光条件，冬春低温、多阴雨天气易发病。

3.**防治方法**

（1）农业防治。雨后及时排除积水，如大棚种植，棚内合理通风降温。及时清除病叶、病株、病果，带出栽种地集中深埋或烧毁。重施腐熟的优质有机肥，增施磷钾肥。适时喷施新高脂膜，提高植株抗病能力。适当控制浇水，有条件的可采用滴灌技术，禁止大水漫灌。采用高畦栽培，并覆盖地膜，以提高地温，降低湿度。如大棚种植，做好棚室温、湿度调控工作，上午保持较高温度，使棚室薄膜内侧露水雾化，下午延长放风时间，加大放风量，夜间要适当提高温度，减轻或避免叶面结露。

（2）药剂防治。发病初期可采用喷粉或喷雾等方法防治。湿度大时，每亩可用5%百菌清粉尘剂1 000克；湿度小时，可用50%异菌脲可湿性粉剂1 500倍液，或50%腐霉利可湿性粉剂2 000倍液，或25%多菌灵可湿性粉剂500倍液，或75%百菌清可湿性粉剂500倍液喷雾，交替使用，每隔7～10天1次，连用2～3次。

第二节　苗期主要虫害及防治方法

一、蚜虫

1.发生条件　蚜虫（图7-12）在高温高湿条件下发生严重。

2.防治方法　30％醚菌酯悬浮剂2 000倍液＋7.5％菌毒·吗啉胍水剂500倍液、10％吡虫啉可湿性粉剂1 500倍液＋50％灭蝇胺悬浮剂3 000倍液，或4％嘧肽霉素水剂200～250倍液＋3.3％阿维·联苯菊乳油1 500倍液喷雾。

图7-12　辣椒蚜虫

二、白粉虱

1.发生条件　白粉虱（图7-13）以各种虫态在保护地内越冬，高温高湿时危害严重。

2.防治方法　10％噻嗪酮乳油1 000倍液，25％甲基克杀螨乳油1 000倍液，或50％抗蚜威乳油1 500倍液喷雾，或用80％敌敌畏熏蒸。

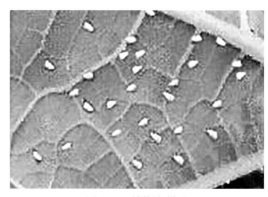
图7-13　辣椒白粉虱

三、美洲斑潜蝇

1.发生条件　美洲斑潜蝇（图7-14）繁殖能力强，寄主范围广，世代重叠严重，在南方温暖和北方温室气候条件下，一年四季均可发生。

2.防治方法　摘除带虫叶片并销毁；利用黄板诱杀成虫；喷洒1.8％阿维菌素乳油2 000～3 000倍液。

四、根结线虫

1.发生条件 农家肥腐熟程度不够，没有充分发酵，均易导致根结线虫（图7-15）发生，可由水源传播。

2.防治方法 合理轮作。农家肥充分发酵腐熟。使用10%克线磷等颗粒剂，每亩3～5千克均匀撒施。

为了促使幼苗生长，可以在幼苗灌根或喷洒农药时，与一些杀菌剂混合喷洒氨基甲酸酯乳剂7 500～8 000倍液，或用1.5%烷醇·硫酸铜乳剂800～1 000倍液，或用1.8%复硝酚钠水剂6 000～8 000倍液，或用黄腐酸盐1 000～3 000倍液，或用0.5%尿素＋0.1%～0.2%磷酸二氢钾或用0.5%三元复合肥（15-15-15）等喷洒。

图7-14　辣椒美洲斑潜蝇　　　　　　图7-15　辣椒根结线虫

第三节　苗期主要病虫害综合防治技术

一、选择抗病优良品种

选用遵辣9号、骄阳6号、卓椒18、赤艳3号、黔辣10号等。

二、安装防虫网

辣椒育苗选择在棚室中进行，高温季节育苗加盖防虫网，以防蚜虫、

白粉虱的侵入危害。

三、苗床土壤消毒处理

1. 常规育苗　可以结合制作苗床，进行土壤药剂处理。选择药剂时要针对本地情况，调查发病种类，可采取如下措施：用40%甲醛水溶液消毒，在播种前2周进行，每平方米用30毫升，加水2～4千克，喷浇在床土上，用塑料膜覆盖4～5天，除去覆盖物，耙平土地，放气2周后播种；或用70%五氯硝基苯可湿性粉剂与50%福美双可湿性粉剂1∶1混合，每平方米施药8克；或每平方米施用25%甲霜灵可湿性粉剂4克＋50%福美双可湿性粉剂5克＋50%多菌灵可湿性粉剂5克、70%敌磺钠可溶性粉剂5克＋50%甲基立枯磷可湿性粉剂5～8克＋50%多菌灵可湿性粉剂5～6克、70%噁霉灵可湿性粉剂5～6克＋50%多菌灵可湿性粉剂5～8克＋25%甲霜灵可湿性粉剂5～8克，掺细土4～5千克，待苗床平整、浇水后，将1/3的药土撒于地表，播种后再把剩余的药土覆盖在种子上面。

2. 营养钵育苗或穴盘育苗　每立方米营养土用40%甲醛水溶液200～300毫升，加清水30升均匀喷洒到营养土上，堆积成一堆，用塑料薄膜盖起来，闷2～3天，可充分杀灭病菌，然后撤下薄膜，把营养土摊开，经过2～3周晾晒，药味全部散尽后再堆起来准备育苗时应用。也可在每立方米营养土中加入50%多菌灵可湿性粉剂200克＋40%五氯硝基苯可湿性粉剂250克＋25%甲霜灵可湿性粉剂300～400克。

对于经常发生地下害虫、线虫病的苗床、田块，每平方米可用1.8%阿维菌素乳油2 000～3 000倍液，用喷雾器喷雾，然后用钉耙混土；也可用10%噻唑膦颗粒剂1.5～2.0千克／亩，或98%棉隆微粒剂3～5千克／亩处理土壤。可与上述杀菌剂一同施用。

四、种子处理

播种前可用50%多菌灵可湿性粉剂500倍液＋50%克菌丹可湿性粉剂500倍液，或40%拌种灵可湿性粉剂＋50%甲基立枯磷可湿性粉剂＋72.2%霜霉威水剂600倍液，或70%甲基硫菌灵可湿性粉剂500倍液＋3%噁霉·甲霜水剂400倍液，或25%甲霜灵可湿性粉剂500倍液＋50%福美双可湿性粉剂500倍液浸种4小时。

对于病毒病较重的田块可以混用10%磷酸三钠溶液浸种，一般浸30～50分钟，捞出用清水浸3～4小时催芽后播种。也可以用2.5%咯菌腈悬浮剂10毫升＋35%甲霜灵拌种剂2毫升，兑水180毫升，包衣4千克辣椒，包衣后摊开晾干。

也可以用70%甲基硫菌灵可湿性粉剂或用50%多菌灵可湿性粉剂＋72%霜脲·锰锌可湿性粉剂按种子质量的0.3%拌种，摊开晾干后播种，对苗期猝倒病效果较好。

第四节　成株期主要病害及防治方法

一、辣椒疮痂病

1.**田间识别**　叶部感病时，最初出现许多小型褪绿水渍状圆斑，随后病斑变成褐色，稍凸起，呈疮痂状，病斑多时融合成大斑，引起落叶（图7-16）。茎部感病出现褐色条斑，扩展后互相连接，暗褐色，隆起，纵裂呈疮痂状（图7-17）。果实感病时，果面出现小的圆形斑，稍隆起，有时病斑连片，表面木栓化，深褐色，疮痂状，边缘产生裂口，潮湿时有菌脓溢出（图7-18）。

图7-16　辣椒疮痂病叶面症状

图7-17　辣椒疮痂病茎部症状

图7-18　辣椒疮痂病果实症状

2.**发病原因**　病菌通过风雨或昆虫传播蔓延，在高温多雨的6—7月，尤其在暴风雨过后，伤口增加，利于细菌的传播和侵染，是发病的高峰期。雨后天晴，病害极易流行。品种间抗病性差异大，以甜椒和粗牛角形的辣椒发病最重。氮肥用量过多，磷、钾肥不足，加重发病。种植过密，生长不良，容易发病。

3.**防治方法**

（1）浸种处理。播种前可用清水浸种10～12小时后，再用0.1%硫酸铜溶液浸5分钟，捞出拌少量草木灰或石灰后播种。或用0.1%高锰酸钾或20%细菌灵浸种5分钟。或者先将种子放入55℃温水中浸种10分钟，捞起再用1%硫酸铜溶液浸泡5分钟，然后催芽播种。

（2）农业防治。合理轮作，露地辣椒可与葱、蒜、水稻或大豆等非茄科作物实行2～3年轮作。及时清洁田园，清除枯枝落叶，收获后病残体集中烧毁。培育健壮椒苗，实行合理密植，定植后注意松土，促进根系生长。改善田间通风条件，雨后及时排水，降低湿度，控制田间小气候。深沟窄畦栽培，控制氮肥用量，增施磷、钾肥。

（3）化学防治。发病初期喷47%春雷·王铜可湿性粉剂600倍液，或60%琥铜·三乙膦酸铝可湿性粉剂500倍液，或90%新植霉素可湿性粉剂4 000～5 000倍液，或14%络氨铜水剂300倍液，或77%氢氧化铜可湿性粉剂500倍液，或65%代森锌可湿性粉剂500倍液，每隔7～10喷1次，连续2～3次。

二、辣椒青枯病（细菌性枯萎病）

1.田间识别 局部侵染，全株发病。其症状最显著的特点有：一是植株叶色尚青绿（仅欠光泽）就萎垂，中午尤为明显；二是病程进展较急促，通常始病后几天就全株枯死；三是拔起初期病株不易断头，潮湿时挤捏茎部切口渗出黏质物，把病茎小段悬吊浸于清水中，少顷可见雾状物涌出（皆为菌脓），此有别于辣椒枯萎病或侵染性根腐病。发病株顶部叶片萎蔫下垂，随后下部叶片凋萎（图7-19）。发病初期植株中午萎蔫，早晚能恢复。拔出植株可发现根系完好，维管束变褐（图7-20）。

图7-19　辣椒青枯病叶部症状

2.发病原因　土壤温度达到20～25℃，气温30～35℃，田间易出现发病高峰，尤其大雨或连阴雨后骤晴，气温急剧升高，水分蒸腾量大，易促成病害流行。连作重茬地，缺钾肥，低洼地，酸性土壤，利于发病。

3.防治方法

（1）农业防治。实行轮作，特别是水旱轮作，是目前减轻青枯病的最有效措施；

图7-20　辣椒青枯病根、茎症状

在无法轮作的地方或田块，至少在收获后至整地前用水浸田20～30天，时间延长更好。改良土壤，整地时每亩用草木灰或石灰等碱性肥料100～150千克，使土壤呈微碱性，抑制青枯菌的繁殖和发展。清除病残体，有机肥要充分发酵消毒。适当控制浇水，严禁大水漫灌，高温季节应在清晨或傍晚浇水。

（2）药剂防治。尚无理想药剂用于防治辣椒青枯病，但在定植后至开花结果期及早淋药预防，比发病后施药对预防和减轻发病效果更好，这期间定期或不定期淋施或结合沟灌，用高锰酸钾600倍液，或硫酸铜1 000倍液，或铜氨液600～800倍液，2～3次或更多，发病后继续挑治，封锁发病中心，可减轻危害。在发病初期可用86.2%氧化亚铜乳油1 000倍液或50%氯溴异氰尿酸水溶性粉剂1 000～1 500倍液、25%青枯灵可湿性粉剂800倍液、14%络氨铜300倍液、77%氢氧化铜500倍液灌根，隔10天1次，连续灌2～3次。

三、辣椒疫病

1.田间识别　叶部感病，叶片发病水渍状，暗绿色，后扩展成近圆形或不规则形病斑，潮湿时病斑迅速扩及全叶，腐烂凋萎，甚至脱落（图7-21）。茎和枝染病，病斑初为水渍状，后出现环绕表皮扩展的褐色或黑褐色条斑，病部以上枝叶迅速凋萎（图7-22）。根茎基部发病呈褐色腐烂（图

7-23）。果实染病始于蒂部，初生暗绿色水渍状斑，迅速变褐软腐，湿度大时表面长出白色霉层，干燥后形成暗褐色僵果，残留在枝上（图7-24）。

2.发病原因 疫病是由真菌侵染引起。病菌侵染的最适温度为22℃，一般在雨季或大雨后突然转晴，气温急剧上升时，病害容易发生流行。另外，晴天温度较高时灌溉，特别是大水漫灌时，易发生流行。大雨后淹水的田块，凡浸泡在水中的茎、叶、果实都严重发病。土壤黏重，排水不良，重茬连作地，植株长势弱的地块发病较重。

图7-21　辣椒疫病叶部症状

图7-22　辣椒疫病茎部症状

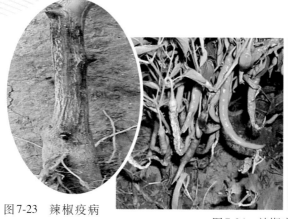

图 7-23 辣椒疫病
根部症状

图 7-24 辣椒疫病果实症状

3.防治方法

（1）选用无病新土育苗或进行苗床消毒。每亩喷洒3 000倍96%噁霉灵药液50千克，或撒施70%敌磺钠可湿性粉剂2.5千克，或70%甲霜灵·锰锌2.5千克，杀灭土壤中残留病菌。

（2）种子消毒。52℃温汤浸种30分钟或用10%咯菌腈水剂浸种12小时。

（3）土壤处理。定植前深翻土壤，每亩撒施50%多菌灵可湿性粉剂2～3千克，或每亩施五氯硝基苯1千克。

（4）注意通风透光，避免高温、高湿。

（5）注意观察，发现少量发病叶果立即摘除深埋，发现茎干发病立即用200倍70%代森锰锌药液涂抹病斑，铲除病原。

（6）化学防治。定植前先用722克/升霜霉威盐酸盐水剂600倍液灌根。定植后，每10～15天喷洒1次1：1：200的波尔多液，进行保护，防止发病，注意不要喷洒开放的花蕾和生长点。每2次波尔多液之间，喷1次5 000倍芸薹素内酯，与波尔多液交替喷洒。或发病前用70%丙森锌可湿性粉剂500倍液喷洒叶面，预防侵染。

发病初期，用687.5克/升的氟菌·霜霉威60～75毫升/亩，兑水45升喷施，或喷洒40%三乙膦酸铝可湿性粉剂250倍液，或58%甲霜灵·锰锌可湿性粉剂500倍液，或72%霜脲·锰锌可湿性粉剂800倍液，或72.2%霜霉威盐酸盐水剂800倍液，或70%乙膦铝·锰锌可湿性粉剂500倍液，或25%瑞毒霉

600倍液＋85％三乙膦酸铝500倍液，或25％嘧菌酯可湿性粉剂1 500倍液，或70％代森锰锌500倍液＋85％三乙膦酸铝500倍液，或75％百菌清可湿性粉剂800倍液防治，间隔7～10天，连续施药2～3次，每10～15天添加1次芸薹素内酯5 000倍液，以提高药效，增强植株的抗逆性能，提高防治效果。

四、辣椒炭疽病

1.**田间识别**　叶片染病，初呈水渍状褪色绿斑，后逐渐变为褐色。病斑近圆形，中间灰白色，上有轮生黑色小点粒，病斑扩大后呈不规则形，有同心轮纹，叶片易脱落（图7-25）。果实染病，初呈水渍状黄褐色病斑，长圆形或不规则形，扩大后病斑凹陷，斑面生隆起的不规则形同心轮纹，边缘红褐色，中间灰褐色，轮生黑色点粒，潮湿时，病斑上产生红色黏状物，干燥时呈膜状，易破裂（图7-26）。

图7-25　辣椒炭疽病叶部症状

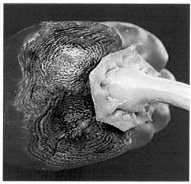

图7-26　辣椒炭疽病果实症状

2.**发病原因** 病菌发育温度为12～33℃，最适温度为27℃。空气相对湿度达95%以上时，最适宜发病和侵染；空气相对湿度在70%以下时，难以发病。温暖多雨有利于病害发生。菜地潮湿、通风差、排水不良、种植密度过大、施肥不足或氮肥过多，病害重。

3.**防治方法**

（1）种子处理。选用无病种子，用温水浸种等方法进行种子处理，可用55℃温水浸种10分钟，或用70%代森锰锌或50%多菌灵药液浸泡2小时。

（2）农业防治。与非茄科作物实行2～3年轮作。合理密植，配方施肥。棚室适时通风，避免高温、高湿。及时清除病残体，并将其集中烧毁或深埋。

（3）化学防治。发病初期喷洒50%炭疽·福美可湿性粉剂300～400倍液，或45%咪鲜胺水乳剂2 000倍，或70%丙森锌可湿性粉剂500倍，或70%代森锰锌可湿性粉剂500倍液，或75%百菌清可湿性粉剂800倍液，或50%多菌灵可湿性粉剂600倍，或25%咪鲜胺乳油1 000～1 500倍液防治，每7～10天1次，连续2～3次。

五、辣椒白粉病

1.**田间识别** 主要危害叶片，老熟或幼嫩的叶片均可被害，叶片正面呈黄绿色不规则斑块，无清晰边缘，白粉状霉不明显，背面密生白粉（病菌分生孢子梗和分生孢子），较早脱落（图7-27）。

2.**发病原因** 一般空气相对湿度52%～75%，温度20～25℃，有利于病害发生。用水灌溉的干旱地区病重，生长后期比早期发病多。

3.**防治方法**

（1）加强栽培管理。注意通风透光，提高寄主抗病力。深翻土地，减少或消除越冬菌源。施磷、钾肥，辣椒生长期避免施氮肥过多。

（2）药剂防治。发病初期，喷洒15%三唑酮可湿性粉剂1 000倍稀释液，或50%硫黄胶剂300倍稀释液，或5%乙嘧酚1 000倍液，或30%醚菌酯水剂1 000～1 500倍液，或47%春雷·王铜可湿性粉剂600倍液，或45%晶体石硫合剂150倍稀释液，或50%硫菌灵可湿性粉剂500～1 000倍稀释液，或50%多菌灵可湿性粉剂500～800倍稀释液。

图7-27　辣椒白粉病症状

六、辣椒病毒病

辣椒病毒病常见有3种典型症状类型，即花叶型、叶片畸形或丛簇型、条斑型。

1.田间识别

（1）花叶型。病叶出现浓绿和淡绿相间的斑驳、皱缩，有时会出现褐色坏死斑（图7-28）。

图7-28　辣椒病毒病花叶型

（2）叶片畸形或丛簇型。病株初期心叶叶脉深绿，逐渐斑驳、花叶、皱缩，严重时，叶片变硬厚，叶缘向上卷曲，幼叶呈现线形叶，后期植株上部明显矮化呈丛簇状（图7-29）。

图7-29　辣椒病毒病叶片畸形或丛簇型

（3）条斑型。病叶呈褐色或黑色坏死斑，沿叶脉逐渐扩展到侧枝。主茎及生长点枯顶性坏死，造成落叶、落花、落果，严重时整株死亡（图7-30）。

图7-30　辣椒病毒病条斑型

2.**发病原因**　辣椒病毒病由病毒侵染引起。烟草花叶病毒由种子、病株传播，通过田间农事操作接触病毒传播。黄瓜花叶病毒主要由蚜虫传播，高温干旱天气有利于蚜虫繁殖及病毒病发生发展。连作地、缺肥地，植株生长不良，也易引起病毒病发生流行。在高温、干旱、日照强度过高的气候条件下，辣椒抗病的能力减弱，同时促进了蚜虫的发生、繁殖，导致病毒病严重发生。在辣椒定植偏晚或栽植在地势低洼、土壤瘠薄的地块发病也比较严重。与茄科蔬菜连作，发病也严重。辣椒品种间的抗病性也不相同，一般尖椒发病率较低，甜椒发病率较高。

3.**防治方法**

（1）选留无毒种子。选无病单株留种，使种子不带毒。

（2）实行种子消毒。将干燥种子置于70℃恒温箱内干热处理3～5天，几乎可杀死全部病原。或在浸种时用药剂处理，即种子先经清水浸2～3小时，再用10%磷酸三钠溶液浸20～30分钟，捞出洗净后再继续浸种和催芽。

（3）适时播种，培育壮苗。要求秧苗株型矮壮，第一分杈具花蕾时定植，在分苗、定植前或花期分别喷洒0.1%～0.2%硫酸锌。

（4）合理水肥。采用配方施肥技术，施足基肥，勤浇水，尤其采收期需勤施肥、浇水。

（5）化学防治。喷洒3.95%辛菌·吗啉胍水剂500倍液＋0.15%芸薹素5 000倍液，或2%宁南霉素水剂250～300倍液＋三十烷醇粉剂500倍液，或嘧肽霉素300倍液，或1.5%烷醇·硫酸铜乳油1 000倍稀释液，或NS-83增抗剂100倍稀释液，或0.5%菇类蛋白多糖水剂200～300倍液，间隔7～10天左右喷1次，酌情防治3～4次。

（6）治虫防病。在蚜虫、螨类迁入辣椒地期间，及时喷洒70%吡虫啉可湿性粉剂15 000倍液或10%吡虫啉2 000～3 000倍液、21%氰戊·马拉松乳油6 000倍液，或1.8%阿维菌素3 000倍液，或2.5%溴氰菊酯乳油3 000倍液，或20%甲氰菊酯乳油2 000倍液，或2.5%氯氟氰菊酯乳油4 000倍液，或73%阿维菌素乳油2 000倍液，或5%噻螨酮乳油2 000倍液，同时应杀死媒介昆虫，减少传播。

第五节　成株期主要虫害及防治方法

一、蚜虫

1.发生特点　危害辣椒的蚜虫（图7-31）主要是瓜蚜和菜蚜。蚜虫在温暖干燥环境下生活，当气温在18～25℃，空气相对湿度在75%以下时，可大量发生繁殖，春末夏初和秋季是危害高峰期。对黄色有较强的趋性，对银灰色有忌避习性。可周年孤雌胎生繁殖，干旱年份邻近虫源及窝风地块、温室大棚发病最重。

图7-31　辣椒蚜虫

2.危害特征　以成虫、若虫群集在寄主的叶背、嫩叶、花梗、荚果上吸食汁液，受害叶片黄化、卷缩，植株矮小，生长不良，严重的甚至萎蔫枯死。此外，蚜虫是多种病毒的传播媒介，导致病毒病的流行，造成作物严重减产。

3.防治方法

（1）农业防治。夏季减少种植十字花科蔬菜，减少蚜源；清洁棚室，清除瓜田周围蚜虫的越冬寄主。

（2）物理防治。利用负趋向性，即利用银膜驱蚜，或用黄色粘虫板诱杀有翅蚜虫，降低虫口密度。

（3）化学防治。当植株有蚜率达10%～15%或平均每株有虫3～5头时应立即防治。可选用10%吡虫啉可湿性性粉剂2 000倍液，或

70％吡虫啉可湿性粉剂15 000 ～ 20 000倍液，或240克/升螺虫乙酯悬浮剂4 000 ～ 5 000倍液，或10％烯啶虫胺水剂3 000 ～ 5 000倍液，或3％啶虫脒乳油2 000 ～ 3 000倍液，或10％氟啶虫酰胺水分散粒剂3 000 ～ 4 000倍液，或25％噻虫嗪可湿性粉剂2 000 ～ 3 000倍液等喷雾。喷药时注意喷嘴要对准叶背将药液尽可能喷到瓜蚜虫体上。田间蚜虫发生较重时，可施用速效性较好、持效期较短的药剂来防治蚜虫，如2.5％高效氯氟氰菊酯乳油1 000 ～ 2 000倍液，或2.5％溴氰菊酯乳油1 000 ～ 2 500倍液，或4.5％高效氯氰菊酯乳油2 000 ～ 3 000倍液，兑水均匀喷雾。

二、茶黄螨

1.发生特点 茶黄螨（图7-32）的寄主有马铃薯、黄瓜、青椒、番茄、豇豆、菜豆等。卵和幼螨对湿度要求比较高，只有在相对湿度大于80％时才能发育，温暖多湿的环境有利其发生。

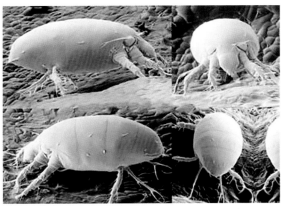

图7-32 辣椒茶黄螨

2.危害特征 成螨和幼螨多聚集在辣椒幼嫩的新叶叶背、嫩茎、花蕾、幼果等部位刺吸汁液，致使植株受害。受害叶片背面呈灰褐色或黄褐色并有油渍状光泽，叶缘向背面卷曲，形成"下扣斗"。花蕾和幼果受害则不开花或开畸形花，重者不能坐果（似条斑型病毒病症状）。果实受害，果柄及萼片表面呈灰白色至灰褐色，丧失光泽，木栓化。受害严重时，落花、落叶、落果，造成大面积减产（图7-33）。

3.防治方法 采用化学防治，喷药时着重在幼嫩部位喷施。常用防治药剂有1.8％阿维菌素乳油2 000 ～ 3 000倍液、20％双甲脒乳油1 000 ～ 1 500倍液、10％溴虫腈乳油3 000倍液。

图7-33　辣椒茶黄螨危害症状

三、蝼蛄

1.**发生特点**　蝼蛄（图7-34）昼伏夜出，当气温为15～27℃时，活动最盛，在耕作层活动。喜欢取食带有甜香味的物质，对未腐熟的厩粪、堆肥等有较强的趋性。喜欢在潮湿的环境中生活，疏松潮湿的壤土、沙壤土或有机质丰富的菜田蝼蛄发生密度较大。

图7-34　辣椒蝼蛄

2.**危害特征**　成虫和幼虫在土中活动，咬食蔬菜种子和幼芽，咬断根系和嫩茎，造成幼苗死亡。蝼蛄活动多在表土层穿行，使表土隆起，形成许多隧道，使幼苗根系与土壤分离，导致幼苗成片死亡。

3.**防治方法**

（1）实行水旱轮作，不施用未充分腐熟的有机肥。

（2）利用毒饵诱杀。利用炒香的麦麸或豆饼每亩5千克用等量水拌匀，再加入90%敌百虫晶体20克，充分溶解拌匀，傍晚放置于田边苗床畦边，或每亩用干稻谷0.5～1.0千克，煮至半熟，捞出后晾至半干，加入5%敌百虫粉剂250克左右搅拌，穴施畦边。

四、小地老虎

1.**发生特点**　成虫趋光性和趋化性很强，喜欢取食糖等酸甜味的物质。幼虫共6龄，3龄前多在寄主心叶内取食嫩叶，4～6龄幼虫白天潜伏在土壤中，夜晚出来活动，咬断嫩茎。具有假死性，遇到惊吓便蜷缩成环状。喜欢温暖潮湿的土壤环境条件，最适温度为18～26℃，地势低洼、排水不良、杂草丛生的菜田有利于该虫的活动（图7-35）。

图7-35　辣椒小地老虎

2.**危害特征**　主要危害茄科、葫芦科、豆类和十字花科蔬菜幼苗。幼虫将苗从根茎基部咬断，或咬食幼苗子叶、嫩叶。低龄幼虫常咬断幼苗顶芽或将叶片吃成网状孔洞，4龄后幼虫咬断茎，造成缺苗断垄等（图7-36）。

图7-36　辣椒小地老虎田间危害

3.防治方法

（1）清除杂草。铲除田边杂草，消灭卵和幼虫，减少小地老虎危害。

（2）诱杀害虫。用糖醋盒诱杀成虫（一般在春季诱杀越冬成虫）。糖、醋、酒、水的比例为3：4：1：2，并加入少量敌百虫，傍晚将糖醋盒放置田内，盆离地面约1米。将炒香的豆饼、谷糠或铡碎的鲜嫩菜叶与适量的敌百虫混合，傍晚撒于苗圃或种植畦面，可诱杀幼虫。某些发酵变酸的食物，如甘薯、胡萝卜、烂水果等加入适量药剂，也可诱杀成虫。早晨在断苗处附近扒开土表，可以找到幼虫，进行捕杀。利用太阳能频振式杀虫灯、黑光灯诱杀成虫。

（3）化学防治。在2～3龄幼虫盛期，可用90％敌百虫晶体800倍液灌根，也可采用48％毒·辛乳油1 500倍液、2.5％溴氰菊酯乳油1 500倍液、20％氰戊菊酯乳油1 500倍液等地表喷雾。

五、棉铃虫、烟青虫

1.**发生特点**　初孵幼虫先取食卵壳，然后危害嫩叶和嫩梢；2～3龄幼虫吐丝下垂转移危害花蕾和花；4～5龄幼虫转移危害果实。属喜温喜湿性害虫，成虫期蜜源植物丰富，如十字花科留种蔬菜，瓜类、豆类、茄科蔬菜正值开花期间，成虫补充营养丰富，寿命长、产卵期长、产卵量增加，则发生危害严重（图7-37、图7-38）。

2.**危害特征**　以幼虫危害，咬食嫩叶、嫩茎，主食花和果实，造成落花、落果和果实腐烂。

图7-37　辣椒棉铃虫

图7-38　辣椒烟青虫

3.防治方法

（1）农业防治。冬季灌水进行田间耕作消灭虫蛹，减少虫源。结合整枝打杈除去部分虫卵，降低虫源基数，减少虫害发生。

（2）诱杀害虫。安装黑光灯诱杀成虫，每30～40亩安装1盏。杨柳诱杀，将杨柳枝剪下0.7～1.0米长，每6大根捆成1把，上部捆紧，下部绑30厘米长的木棒，用90%杀螟硫磷乳油500～800倍液或80%敌敌畏乳油1 000倍液喷洒，用药时间掌握在幼虫未蛀入果实以前进行，每隔7～10天喷1次。

（2）生物防治。成虫产卵高峰后3～4天，喷洒8 000亿活孢子/毫升苏云金杆菌可湿性粉剂1 000～1 500倍液，或25%灭幼脲悬乳剂600倍液，连续喷洒2次，防治效果最佳。还可施放赤眼蜂或草蛉，对于降低棉铃虫的卵和幼虫密度有效，防治效果好。

（4）化学防治。在卵孵化盛期及幼虫1～3龄低龄期进行化学防治。可选用2.5%高效氯氟氰菊酯乳油1 500～3 000倍液、4.5%高效氯氰菊酯乳油1 500 ～ 3 000倍液、30％氰戊菊酯乳油1 000 ～ 3 000倍液、5％氟苯脲乳油800 ～ 1 500倍液、20％虫酰肼悬浮剂1 500 ～ 3 000倍液、5％氟啶脲乳油1 000 ～ 2 000倍液、24％甲氧虫酰肼悬浮剂2 000 ～ 4 000倍液、1％甲氨基阿维菌素苯甲酸盐乳油3 000 ～ 4 000倍液、2.5％多杀霉素悬浮剂1 000 ～ 2 000倍液，或2.5％溴氰菊酯乳油1 500 ～ 2 500倍液喷雾，每7 ～ 10天1次，连喷2 ～ 3次。

六、斜纹夜蛾

1.**发生特点** 斜纹夜蛾（图7-39）在我国除西藏以外的地区都有发生，是一类杂食性和暴食性害虫，危害寄主广泛。长江流域7—8月，黄河流域8—9月大发生，具趋光性和趋化性。

图7-39　辣椒斜纹夜蛾

2.**危害特征** 以幼虫咬食叶片、花和果实。初龄幼虫啮食叶片下表皮及叶肉，仅留上表皮呈透明斑；4龄以后进入暴食，咬食叶片，仅留主脉。

3.**防治方法** 喷施5％虫螨脲乳油1 500倍液，或2.5％溴氰菊酯1 000倍液、15％茚虫威3 750倍液、5％氟啶脲乳油1 500倍液、11％（茚虫威＋吡虫啉）1 500倍液、10％虫螨腈1 000倍液、2.5％多杀菌素1 000倍液、1.8％阿维菌素2 000倍液、苏云金杆菌乳剂1 000 ～ 1 500倍液。

七、斑潜蝇

1.**发生特点** 斑潜蝇成虫、幼虫均可危害（图7-40）。

图7-40　辣椒斑潜蝇

2.危害特征　雌成虫飞翔把植物叶片刺伤，进行取食和产卵，幼虫潜入叶片和叶柄危害，产生不规则蛇形白色虫道，叶片功能减少或丧失，叶片枯黄脱落，甚至整株死亡。

3.防治方法　交替使用1.8%阿维菌素乳油2 000倍液、10%灭蝇胺悬浮剂600倍液、80%敌敌畏乳油800倍液、20%吡虫啉悬浮剂4 000倍液进行防治。

第六节　辣椒生产农药安全使用

一、辣椒栽培对农药安全使用的要求

选择限定的农药品种，严禁使用高毒、高残留农药。适时防治，根据辣椒病虫害的发生规律，在关键时期、关键部位打药。选择合适药剂类型，选用对环境无污染或污染小的药剂类型。合理用药，掌握合理的用药技术，避免无效用药或产生抗药性。果实采前严禁打药。

二、严禁在辣椒上使用的化学农药

六六六、滴滴涕、毒杀芬、二溴氯丙烷、杀虫脒、二溴乙烷、除草醚、艾氏剂、狄氏剂、汞制剂、砷类、铅类、敌枯双、氟乙酰胺、甘氟、毒鼠强、氟乙酸钠、毒鼠硅、甲胺磷、对硫磷、甲基对硫磷、久效磷、磷胺、苯线磷、地虫硫磷、甲基硫环磷、磷化钙、磷化镁、磷化锌、硫线磷、蝇毒磷、治螟磷、特丁硫磷、氯磺隆、胺苯磺隆、甲磺隆、福美肿、福美甲肿、三氯杀螨醇、林丹、硫丹、溴甲烷、氟虫胺、杀扑磷、百草枯、2，4-滴丁酯。

甲拌磷、甲基异柳磷、克百威、水胺硫磷、氧乐果、灭多威、涕灭威、灭线磷、内吸磷、硫环磷、氯唑磷、乙酰甲胺磷、丁硫克百威、乐果、毒死蜱、三唑磷、氟虫腈。

第八章
采 收

PART' 8

辣椒属无限花序作物，在适宜的温光和充足的肥水条件下，能不断开花结果，适时采摘有利提高辣椒产量。采收过迟不利植株将养分向树上部转送，影响上一层果实的膨大；但也不能采收过嫩，否则因果实的果肉太薄，色泽不光亮，影响果实的商品性，产量降低。

青椒采摘的标准：果实表面的皱褶减少，果皮色泽转深，光洁发亮。

红椒采摘的标准：果实不宜过熟，果皮颜色变成红带紫色就可采摘，过熟水分丧失较多，品质和产量也相应降低，不耐贮运（图8-1）。

图8-1　红色朝天椒

一、采收时间

根据辣椒产品用途结合果实成熟度适时采收。一般门椒、对椒要及时采收，此后，原则上果实充分膨大，果肉变硬，果实发亮，就可采收青椒。作泡椒和鲜食的辣椒，不论是绿色、酱色、红色，均按市场要求或加工要求进行采收。鲜红椒则需果实完全转红后方可采收，制干辣椒要按红椒采收标准进行采收。

采收时要结合辣椒成熟度抓住有利天气及时采收，一般应在晴天早上和下午及阴天进行，中午因水分蒸发较多，采收时果柄易脱落。在辣椒收获期，一般采摘4～6次，第1～2台果有30%以上红熟后采收第一次，第2～3台果有50%以上红熟后采收第二次，第4～5台果红熟后采收第三次，第6台果红熟后采收第四次，第7台果红熟后采收第五次，第8台果以上红熟后采收第六次。注意农药安全间隔期内、雨天和露水天气不宜采收（图8-2）。

图8-2 辣椒采收现场

二、采收用具

采收过程中所用的工具要清洁无污染，采后不得使用任何化学药剂，辣椒采摘时需用轻质、光滑的篮子和筐盛装。

三、采收方法

采用分层、多次采收方法，成熟一批，采收一批。制干辣椒要随采随晒（烘干）。采摘时应握住果柄摘下，采摘、装运等操作过程中要注意轻拿轻放，避免摔、砸、压、碰撞以及因扭摘用力造成损伤，要注意剔除病、虫、伤果，确保果实鲜艳，防止腐烂变质。采摘时要掌握辣椒果实的成熟度，以采摘红熟果为准。如果误摘了未成熟果，应将未成熟果选出，堆成30厘米左右高进行后熟，绛红果一般后熟需3～4天，橘红果需1～2天。果面全面转红后，再进行干制，红熟果不需后熟直接干制。采摘的果实切忌在田间长时间暴晒。

PART 9

第九章

干 制

干辣椒是将新鲜辣椒经过自然晾晒、人工脱水等过程而形成的辣椒产品，又称辣椒干、干制辣椒，其含水量低，适合长期保藏。

第一节 原料要求

辣椒干制要求辣椒果实具有同一品种特征，新鲜洁净，果实自然生长发育全部转变成红色，果形完整，果柄完好，不留叶片，果面光滑，无异味，无异常水分，具有适用于干制要求的新鲜度和红熟度，无腐烂、霉伤及冻伤等缺陷。

第二节 干制方法

辣椒干制分为自然干制和机械干制。

一、自然干制

自然干制是通过自然晾晒使辣椒水分蒸发制成干辣椒的方法（图9-1）。

图9-1 辣椒自然晾晒

自然干制辣椒外形美观，色泽鲜艳不变色，具有油亮光泽，肉质不受损失，品质好，受消费者欢迎，同时节约能源，是一种极好的干制方法。缺点是含水量不易控制、干制时间长、占用场地大等。

二、机械干制

机械干制是用柴禾或煤、电作为能源加热，在烘炕、烘箱等设施内干制鲜椒的方法。

机械干制具有不受天气、场地的影响和限制，解决了秋季雨天多，辣椒无法晒干的矛盾。在烘房内经高温烘炕杀死病果上的细菌，炕干的辣椒不易返潮霉变，能提高品质。机械干制较自然干制时间缩短1/2以上，能做到及时采摘，及时烘干。缺点是需要添置设备和消耗能源，增加了生产成本，烘炕技术掌握不好会影响产品质量（图9-2）。

图9-2　辣椒机械干制

第三节　工艺流程

自然干制：选果→分级→晾晒→成品。

机械干制：选果→分级→装盘→升温蒸发→通风排湿→倒换烘盘位置→踏水（自然回水）→烘干→回软→成品。

一、自然干制

1.**选果**　辣椒干制前应进行挑选分级，保证果实完好，应剔除破、烂、机械伤害、病虫危害的果实及叶片、杂物等。未成熟的辣椒果实选出后可以堆至30厘米左右高，绛红果后熟3～4天，橘红果后熟1～2天，果面全面转红再进行干制。

2.**分级** 选择大小、新鲜度、整齐度、红熟度一致的椒果分类放置。

3.**晾晒** 将选好的老熟红椒,放置于干净地坝、晒场或晒席中摊晒。晾晒要均匀,留出翻晒人行道,杜绝人畜践踏。晒至半干,即用手捏辣椒绵软有弹性不裂口时,用拌桶、大木桶或箩筐、围席装收并密封,使其发汗一晚上,有利于排出椒壳内的湿空气,使椒籽及胎座组织干燥快,椒皮内壁油胞内的油均匀分布在整个椒果上,保护色泽不变,以使整个辣椒油气充足、光亮色泽好、果面平整、外形美观。第二天继续晾晒。如果第二天下雨,要设法摊开降温、排湿,以免造成霉变腐烂。发汗后要继续晾晒,直到蒂心全干为止(图9-3)。

图9-3 辣椒分层晾晒

4.**成品** 辣椒干含水量以≤14%为宜,即可分级包装贮藏。

二、机械干制

1.**选果** 同自然干制。

2.**分级** 同自然干制。

3.**装盘** 烘房内椒盘装置要整齐,稀密要合理,一般上部密、下部稀,上部盘装椒果厚度为8厘米左右,下部盘装椒果厚度为4厘米左右,中部盘装椒果厚度为6厘米左右,即装盘椒果5~10千克。要求同层均匀分布,并且相同品种、相同部位、相同栽培管理的椒果在同一批次内(图9-4)。

图9-4　装盘后准备机械分次烘干

4.**升温蒸发**　当烘房温度升至75～80℃时，将装好盘的椒果送入烘房，椒果迅速吸热，约3小时后，降低烘房温度保持在70～75℃，持续烘6～10小时。

5.**通风排湿**　烘房内空气相对湿度在70%以上时，应立即打开天窗通风排湿，当相对湿度降至60%以下后停止通风，继续保持烘房温度70～75℃，然后再通风，通风时间为10～15分钟，使椒果的水分含量逐渐降低。

6.**倒换烘盘位置**　由于烘房不同位置温度的高低分布有差异，为了使不同位置的椒果干燥程度一致，对烘干较慢位置的烘盘与烘干较快位置的烘盘互换位置，翻动椒果，同时注意检查，防止跑烟走火。烘房内的空气相对湿度不能超过80%。

7.**踏水**　当鲜椒果失水率为23%～27%（即椒果干燥程度达到能弯曲而又不断裂，手捏柔软）时，取出烘盘，立即把椒果倒到干净的水泥地面，堆积成30～40厘米高，或倒入筐中，边倒边压紧压实，盖上草帘、麻布或塑料膜等，再压上石块，即为"踏水"。踏水时间达到6～8小时时，停止踏水（踏水时间不能过长），再将椒果装入烘盘中，送入烘房。在第一批椒果进行踏水时，立即将第二批椒果送入烘房，进行第一段干制；当第二批椒果进行踏水时，立即将第一批椒果送入烘房（采用二段干制法不但能缩短椒果烘烤干制的时间，从而降低烘干成本，而且还能提高辣椒干的商品性）。踏水时椒果失水率不超过20%～27%，踏水时间不超过10小时。

8.**烘干**　将踏水的椒果送入烘房，继续烘干，此时烘房温度需维持在50～65℃。60～65℃烘8～10小时后，再降至50～55℃，直至烘干，烘干时间为10～20小时（依品种类型而有差异，一般小羊角椒10～12小时，羊角椒和线椒12～15小时，锥形椒和珠子形椒15～20小时）。烘干过程仍需勤通风排湿（天窗一般都打开）和换盘以及轻轻翻动椒果，防止烤焦。在第二段干制过程中要连续通风排湿，严禁高温、高湿、高速烘干。

9.**回软**　回软又称匀湿或水分平衡。为使干椒不碎不断，干燥程度一致，干制结束后应将辣椒干放在筐、箱等容器内或堆积在干净场地，用席覆盖放置，雨天放置1天，阴天放置1～2天，晴天放置3～4天，使辣椒干含水内外平衡。

10.**成品**　同自然干制（图9-5）。

图9-5　去把辣椒干

第十章
朝天椒干质量指标、分级要求及检验方法

朝天椒干是指果实朝上生长的食用辣椒经过自然晾晒、人工脱水形成的产品，包含锥形椒、指形椒、珠子形椒等。

第一节 理化、卫生指标及检验方法

一、理化指标及检验方法

朝天椒干理化指标及检验方法见表10-1。

表10-1 理化指标及检验方法

项 目	指 标	检验方法
水分/（克/100克）	≤14	按《食品安全国家标准　食品中水分的测定》（GB 5009.3）的规定执行
总灰分/（克/100克）	≤8	按《食品安全国家标准　食品中灰分的测定》（GB 5009.4）（第一法）的规定执行
酸不溶灰分/（克/100克）	≤1.6	按《食品安全国家标准　食品中灰分的测定》（GB 5009.4）（第三法）的规定执行
不挥发乙醚提取物（干态）/（克/100克）	>12	按《香辛料和调味品　不挥发性乙醚抽提物的测定》（GB/T 12729.12）的规定执行

二、卫生指标

1.生产加工过程卫生要求 应符合《食品安全国家标准　食品生产通

用卫生规范》（GB 14881）的规定。

2.**污染物限量** 应符合《食品安全国家标准 食品中污染物限量》（GB 2762）的规定。

3.**真菌毒素限量** 应符合《食品安全国家标准 食品中真菌毒素限量》（GB 2761）的规定。

4.**最大农药残留限量** 应符合《食品安全国家标准 食品中农药最大残留限量》（GB 2763）的规定。

第二节 感观指标、分级要求及检验方法

一、感观指标、分级要求及检验方法

朝天椒干（图10-1～图10-3）的感观指标、分级要求及检验方法见表10-2。

表10-2 感观指标、分级要求及检验方法

项目		等级规格				检验方法
		一级	二级	三级	等外品	
外观性状	果实一致性	指形椒，果形指数2.6~8.0	果形指数一致，果长相差≤6毫米	果形指数一致，果长相差≤9毫米	果形指数一致，果长相差≤12毫米	果形指数一致，果长相差>12毫米	取约500克样品置洁净白瓷盘中，挑选出50组大小差异的辣椒干，游标卡尺测量果长、果宽，最后计算平均数
		锥形椒，果形指数1.5~2.6	果形指数一致，果长相差≤4毫米	果形指数一致，果长相差≤7毫米	果形指数一致，果长相差≤10毫米	果形指数一致，果长相差>10毫米	
		珠子形椒，果形指数≤1.5	果形指数一致，果长相差≤2毫米	果形指数一致，果长相差≤5毫米	果形指数一致，果长相差≤8毫米	果形指数一致，果长相差>8毫米	

(续)

项目		等级规格				检验方法
		一级	二级	三级	等外品	
外观性状	果面	果面洁净，具本品种固有特征	果面洁净，具本品种固有特征	果面较洁净，具本品种固有特征	果面有污物，无本品种固有特征	取约500克样品置洁净白瓷盘中，于光线充足处目测
	色泽	鲜红或紫红色，油亮光洁	鲜红或紫红色，油亮光洁	鲜红或紫红色，有光泽	红色或紫红色	
辣度（斯科维尔辣度）		≤50万、5级	≤50万、5级	≤50万、5级	≤50万、5级	《辣椒辣度的感官评价方法》（GB/T 21265）
香气		具本品种固有浓郁香气	具本品种固有浓郁香气	具本品种固有香气	无香气	取约500克样品置洁净白瓷盘中，于空旷处嗅闻
残次品总量		无	≤0.5%	≤3%	≤5%	残次品椒各项相加
异品种		无	无	≤2%	>2%	外观检验的同时挑拣、称量并计算
杂质		不允许有	固有杂质总量不超过0.5%，不允许有外来杂质	固有杂质总量不超过1%，不允许有外来杂质	固有杂质总量不超过2%，不允许有外来杂质	
异味		不允许有	不允许有	不允许有	不允许有	外观检验的同时取样品嗅闻

图 10-1　指形辣椒干

图 10-2　锥形辣椒干

图 10-3　珠子形辣椒干

二、专用名词解释

1.**果长**　指辣椒果实体长——从果顶至基部的距离。

2.**果宽**　指辣椒果实宽——辣椒干最宽处的距离。

3.**果形指数**　果形指数 = 果长 / 果宽。

4.**色泽**　指本品种干制后特有的颜色和光泽。

5.**残次品椒**　指霉变椒、霉斑椒、白壳、花壳、黄梢、黑斑椒、虫蚀椒、断裂椒、未成熟椒、多品种混杂椒的统称。

第三节　检验规则及方法

一、型式检验

型式检验是对产品进行全面考核，有下列情形之一者应进行型式检验：前后两次抽样结果差异较大；国家质量监督机构或行业主管部门提出型式检验要求；根据有关规定应进行型式检验的辣椒干。

二、交收检验

每批产品交收前，生产单位都应进行交收检验。交收检验内容包括感观指标、包装、标志，检验合格并附合格证方可交收。

三、组批检验

凡同产地、同品种、同等级、同年生产、同时成交的辣椒干作为一个检验批次。批发市场同产地、同规格的辣椒干作为一个检验批次，农贸市场和超市相同进货渠道的辣椒干作为一个检验批次。

四、抽样方法

取样按《香辛料和调味品　取样方法》（GB/T 12729.2）的有关规定执行。以1个检验批次作为相应的抽样批次，抽取样品必须具有代表性，应在不同部位按规定数量抽样，样品的检验结果适用于整个抽检批次。每件抽取的数量应基本一致，将抽取的原始样品混合均匀，缩分成平均样品，每批应不少于3千克。在检验中如发现问题，需要扩大检验范围时，可以增加抽样数量。理化检验取样，在检验大样品中选取具有代表性的样果2～5千克，供理化和卫生指标检测用。

五、判定规则

每批受检样品抽样检验时，对不符合感观要求的样品做各项记录。如果1个样品同时出现多种缺陷，选择1种主要的缺陷，按1个残次品计算。不合格品的百分率按以下公式计算，3次重复调查后取平均值，计算结果精确到小数点后1位。各单项不合格品百分率之和即为总不合格品百分率。

$$X = \frac{m_1}{m_2} \times 100$$

式中　X——单项不合格百分率，单位为百分率；

　　　m_1——单项不合格品的质量，单位为克；

　　　m_2——检验批次样本的总质量，单位为克。

综合检测结果，判定该批辣椒干的质量。

第十一章

包装、贮存

第一节 包 装

一、包装材料

包装前要把杂色、腐烂的果实清除，鲜椒用清洁的竹筐、纸箱和透气的软袋包装，干椒用清洁的纸箱或无毒的塑料袋包装。

包装材料应符合相应的食品包装材料卫生要求。外包装可以用麻袋、纸箱、编织袋等材料，要求坚固、能避光，外包装上应印有产品名称、制造商或包装商的名称、地址、批号、产地、收获年份、包装日期；内包装材料应为不透水、气的塑料薄膜袋或铝箔袋，并且洁净、无破损、无异味、无毒性，不损害辣椒干的色泽及其他特征，也不会使辣椒干增加或减少任何其他成分（图11-1）。

图11-1　包装袋及包装样

二、包装要求

按品种或质量等级分别包装。每袋装量根据企业或市场需求确定，同批辣椒干中每袋质量应保持一致，应符合《定量包装商品计量监督管理办法》的规定。装袋后内包装可用线绳扎紧或热合密封，外包装如用麻袋应用麻线缝口，如用纸箱则应用胶带封口（图11-2）。

图11-2　包装前检验

🔸 第二节　贮　　存

一、贮存条件

贮存库应具备通风防潮和降温设施，干燥、通风、防潮、防日晒。包装后的辣椒干应尽快贮存于库中堆码整齐，库内温度控制在10℃以下，温差不超过3℃，空气相对湿度控制在80%以下，并离地、离墙30厘米以上，留有走道和通道，便于通风，禁止与有毒、有污染和潮湿物混贮（图11-3）。

图11-3　贮存、交易现场

二、贮存管理

辣椒干装袋入库后，离地30厘米以上摆放，定期检查库内温度、湿度和辣椒干的水分变化，及时防虫、防鼠，发现问题及时通过整理、通风、排湿、降温等方法进行处理，处理方法必须符合国家食品安全相关规定（图11-4）。

图11-4　贮存日常管理

三、贮存时间

辣椒干的贮存时间≤1年。

四、运输

运输辣椒干的工具必须干燥、清洁、卫生，严禁接触有毒、有害物品或其他污染物，运输过程中必须有防暴晒、防污染、防雨淋的设施保护。

图书在版编目（CIP）数据

朝天椒标准化生产技术 ／ 毛东，蒋华，黄春利主编
.—北京：中国农业出版社，2022.2（2022.11重印）
ISBN 978-7-109-29148-5

Ⅰ.①朝… Ⅱ.①毛… ②蒋… ③黄… Ⅲ.①辣椒－
蔬菜园艺－标准化 Ⅳ.①S641.3-65

中国版本图书馆CIP数据核字（2022）第029700号

中国农业出版社出版
地址：北京市朝阳区麦子店街18号楼
邮编：100125
责任编辑：阎莎莎　　文字编辑：刘　佳
版式设计：杨　婧　　责任校对：吴丽婷　　责任印制：王　宏
印刷：中农印务有限公司
版次：2022年2月第1版
印次：2022年11月北京第2次印刷
发行：新华书店北京发行所
开本：880mm×1230mm　1/32
印张：3.75
字数：95千字
定价：35.00元